Ages Traces de fission des zircons des Alpes franco-italiennes

Joelle Carpena

Ages Traces de fission des zircons des Alpes franco-italiennes

Le zircon, un multi-chronomètre

Presses Académiques Francophones

Impressum / Mentions légales

Bibliografische Information der Deutschen Nationalbibliothek: Die Deutsche Nationalbibliothek verzeichnet diese Publikation in der Deutschen Nationalbibliografie; detaillierte bibliografische Daten sind im Internet über http://dnb.d-nb.de abrufbar.
Alle in diesem Buch genannten Marken und Produktnamen unterliegen warenzeichen-, marken- oder patentrechtlichem Schutz bzw. sind Warenzeichen oder eingetragene Warenzeichen der jeweiligen Inhaber. Die Wiedergabe von Marken, Produktnamen, Gebrauchsnamen, Handelsnamen, Warenbezeichnungen u.s.w. in diesem Werk berechtigt auch ohne besondere Kennzeichnung nicht zu der Annahme, dass solche Namen im Sinne der Warenzeichen- und Markenschutzgesetzgebung als frei zu betrachten wären und daher von jedermann benutzt werden dürften.

Information bibliographique publiée par la Deutsche Nationalbibliothek: La Deutsche Nationalbibliothek inscrit cette publication à la Deutsche Nationalbibliografie; des données bibliographiques détaillées sont disponibles sur internet à l'adresse http://dnb.d-nb.de.
Toutes marques et noms de produits mentionnés dans ce livre demeurent sous la protection des marques, des marques déposées et des brevets, et sont des marques ou des marques déposées de leurs détenteurs respectifs. L'utilisation des marques, noms de produits, noms communs, noms commerciaux, descriptions de produits, etc, même sans qu'ils soient mentionnés de façon particulière dans ce livre ne signifie en aucune façon que ces noms peuvent être utilisés sans restriction à l'égard de la législation pour la protection des marques et des marques déposées et pourraient donc être utilisés par quiconque.

Coverbild / Photo de couverture: www.ingimage.com

Verlag / Editeur:
Presses Académiques Francophones
ist ein Imprint der / est une marque déposée de
OmniScriptum GmbH & Co. KG
Bahnhofstraße 28, 66111 Saarbrücken, Deutschland / Allemagne
Email: info@presses-academiques.com

Herstellung: siehe letzte Seite /
Impression: voir la dernière page
ISBN: 978-3-8416-3713-0

Ages Traces de Fission des zircons des Alpes franco-italiennes.

Le zircon, un chronomètre multiple.

J.CARPENA

Ages Traces de Fission des zircons des Alpes franco-italiennes.

Le zircon, un chronomètre multiple.

Ages Traces de Fission des zircons des Alpes franco-italiennes.

Le zircon, un chronomètre multiple.

Introduction

Cet ouvrage reprend les principaux résultats obtenus par la datation des zircons des Alpes franco-italiennes par la méthode des traces de fission et qui avaient fait l'objet d'un travail de Doctorat d'Etat (Carpena, 1984). Dans une première partie, une synthèse des principaux résultats obtenus alors, et publiés dans des revues internationales spécialisées, est présentée. Le lecteur est invité à se reporter à ces publications. Dans une deuxième partie, une discussion sur les zircons en tant que chronomètres Traces de Fission s'engage pour montrer qu'ils peuvent quelquefois être des chronomètres multiples, avec une température de fermeture variable. Des exemples précis sont donnés qui permettent au lecteur d'appréhender la complexité et la richesse de ces chronomètres si ils sont bien utilisés. Une méthode est proposée pour utiliser ces minéraux de façon optimale pour l'étude d'une chaine de montagnes.

I- Présentation des chaines alpines

Les chaines alpines forment l'une des deux grandes ceintures orogéniques actuelles du monde, allant des Caraïbes à l'Indonésie, en passant par les chaines de l'Eurasie méridionale. Celles-ci se subdivisent en différents secteurs (Tapponier, 1978) où le stade d'évolution de l'orogenèse alpine est plus ou moins avancé (Figure 1) :

- les chaines méditerranéennes avec l'hypercollision des Alpes et l'hypocollision de l'arc égéen (1),
- le croissant ophiolitique péri-arabe (2),
- la suture péri-indienne dont le trait essentiel est l'hypercollision de l'Himalaya (3),
- la couronne ophiolitique péri-australienne (4).

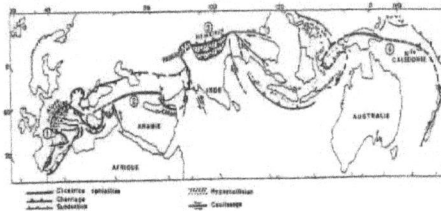

Figure 1 : Les chaines alpine de l'Eurasie méridionale d'après Tapponier, 1978.

Il existe des secteurs sans collision comme par exemple l'Indonésie occidentale qui semble être en subduction permanente depuis le Mésozoïque (Aubouin et al., 1980).

1) Formation des chaines alpines

Une chaine alpine est issue de la collision de deux portions de croûte continentale (plaque ou microplaque), initialement séparées par un océan (croûte océanique). Les principaux stades de formation d'une telle chaine sont les suivants (Mattauer et Tapponier, 1978) (Figure 2) :

- expansion océanique,
- subduction océanique,
- subduction continentale et obduction,
- collision continentale.

Une chaine alpine se caractérise donc par la présence, au sein de la chaine, d'une suture océanique : celle-ci est constituée par les ophiolites qui représentent les lambeaux du plancher océanique de l'ancien océan, maintenant disparu. Ces ophiolites sont le plus souvent charriées et très tectonisées.

4

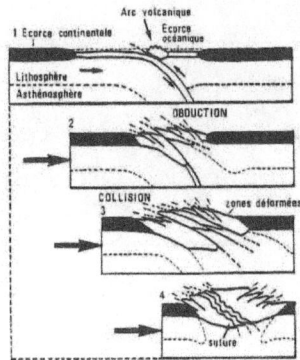

Figure 2 : Formation d'une chaine de montagne d'après Mattauer et Tapponier, 1978.

2) Les ophiolites

Les ophiolites sont une association de roches (Figure 3) regroupant des péridodites, des termes grenus intrusifs, des laves et des formations abyssales à l'interface entre cumulats et laves (Ohnenstetter, 1982). Elles sont recouvertes par des sédiments. Ohnenstetter (1982) met en évidence, selon les différentes ceintures ophiolitiques, des discontinuités géochimiques et structurales, celles-ci pouvant être liées à leur environnement géotectonique : océan, bassin marginal, arc et zones transverses à l'intérieur des plaques. La formation des ophiolites a lieu lors du stade d'expansion océanique ; celui-ci durerait au maximum 40Ma (Ohnenstetter, 1982). La mise en place tectonique des ophiolites a lieu dès le stade obduction qui correspond au charriage de la croûte océanique sur la croûte continentale (Coleman, 1971). A partir de données de terrain et d'informations sur les océans actuels, il semblerait possible que certains ensembles ophiolitiques aient pour origine d'anciens édifices océaniques, précocement structurés « in situ », c'est-à-dire dès les premiers stades de compression, avant même le stade de l'obduction (Auzende et al., 1983). Ainsi, l'obduction ferait intervenir une croûte océanique déjà tectonisée, la partie intacte (« normale ») de cette croûte océanique serait totalement subductée et invisible à l'affleurement dans la chaine (Figure 4). Nous discuterons l'importance de l'influence thermique de cette tectonique océanique dans la partie consacrée au Banc de Gorringe.

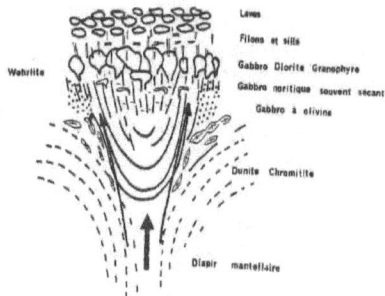

Figure 3 : Séquence ophiolitique

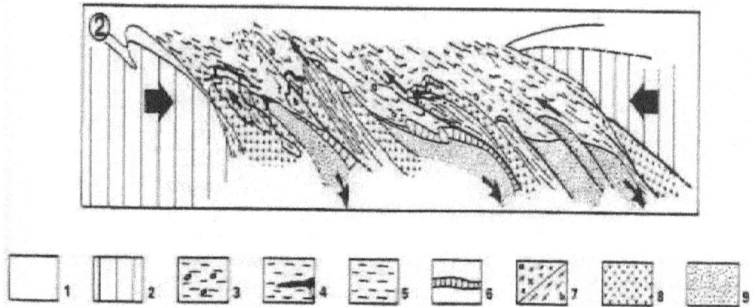

Figure 4 : Charriage de lambeaux de lithosphère océanique d'après Auzende et al., 1983 :
Lors de la collision continentale, la tectonique agit en sélectionnant de préférence les
édifices structurés précocement dans l'océan.

1- Sédiments de la marge continentale
2- Socle de la marge continentale
3- Matériel océanique détritique
4- Coulées sous-marines
5- Sédiments océaniques indifférenciés
6- Association calcaires pélagiques- radiolarites
7- a)gabbros isotropes b)gabbros foliés
8- péridotites et serpentinites
9- croûte océanique normale

3) Le métamorphisme alpin

Ce métamorphisme a été reconnu tout le long de l'arc alpin en de nombreux secteurs et dans
les chaines péripacifiques. Il est représenté par des minéraux caractéristiques : des amphiboles
sodiques appartenant généralement à la série glaucophane-crossite, des phengites, de la
lawsonite, des épidotes, des pyroxènes jadéitiques, du grenat, de l'albite (Saliot, 1978 ;
Guiraud, 1982). Depuis le développement des synthèses minérales, on sait que ce
métamorphisme est caractéristique d'un gradient géothermique faible, variant de 7 à 20°/Km
et faisant intervenir de fortes pressions pouvant atteindre 25Kbar (Chopin, 1984). Le domaine
de température dans lequel s'effectue ce métamorphisme est assez large : en simplifiant, nous
distinguerons trois domaines principaux : celui des basses températures (250-300°C) où
cristallisent les roches du faciès Schiste Bleu de Basse Température (BT) avec glaucophane et
lawsonite, puis, la température augmentant, les roches du faciès Schiste Bleu de Haute
Température (HT) cristallisent à leur tour avec zoïsite, grenat, pyroxène jadéitique, enfin pour
des températures assez hautes, vers 500-550°C, les éclogites apparaissent avec l'association
caractéristique omphacite-grenat.

D'un point de vue géodynamique, le métamorphisme de Haute Pression (HP) se situe au niveau des zones de convergence de plaques (Ernst, 1971 ; Dewey, 1976 ; Mattauer et Proust, 1976 ; Tapponier et al., 1981). Brothers et Yokohama (1982) différencient le métamorphisme HP-BT d'obduction par rapport à celui de subduction, par un gradient, une durée et une extension géographique plus faibles. Mais il n'y a pas de différence fondamentale entre la subduction et l'obduction, qui sont deux stades successifs dans l'évolution d'une chaine alpine. Ainsi, une caractéristique importante des chaines alpines est ce métamorphisme de Haute Pression (HP) au cours duquel des roches du faciès Schiste Bleu (BT et HT) et des éclogites cristallisent.

4)Les Alpes franco-italiennes

Dès le Jurassique supérieur, l'Afrique se met à converger vers l'Eurasie et c'est le phénomène qui est depuis longtemps considéré comme la cause principale de la formation progressive des chaines alpines méditerranéennes. Celles-ci se répartissent en une branche alpidique, charriée sur la marge européenne, et une branche dinarique, charriée sur la marge africaine. Elles sont séparées par la suture ophiolitique téthysienne. A l'Ouest, c'est l'Afrique qui chevauche l'Europe, à l'Est c'est l'Afrique qui est chevauchée par l'Europe. La limite pourrait se placer dans le système de décrochements de Pec-Scutari (Figure 5). Cette collision Europe-Afrique est plus ou moins avancée selon les secteurs : le poinçon adriatique du continent africain est rentré en collision avec l'Europe. Il est même charrié sur celle-ci : ce sont les Alpes orientales. Par contre, dans l'arc égéen, l'Afrique subducte sous l'Europe, le stade de collision n'a pas encore été atteint.

Les Alpes montrent une cicatrice ophiolitique, caractérisée par des sédiments océaniques, les Schistes Lustrés, emballant des lambeaux de l'ancien océan alpin disparu, les ophiolites. Cet ensemble constitue la nappe des Schistes Lustrés, pincée entre deux marges continentales, une marge Nord ou Européenne et une marge Sud ou Sud-alpine, bord du bloc apulo-adriatique, promontoire avancé de la plaque africaine (Figure 6). Les Alpes franco-italiennes se situent dans la partie la plus occidentale de l'arc alpin. Elles comprennent les unités les plus internes de la marge continentale européenne et une petite partie de la marge continentale sud-alpine. Entre les deux se situe la cicatrice ophiolitique. Les zones internes de la marge européenne sont intensément déformées. Elles sont constituées par un socle granito-gneissique représenté par les massifs cristallins internes, Mont Rose, Grand Paradis et Dora Maira, qui apparaissent en fenêtre sous la nappe des Schistes Lustrés. Les datations de ce socle granito-gneissique sont rares : trois âges absolus ont été obtenus par la méthode du Plomb total sur le socle du Grand Paradis, 340, 350 et 301 Ma (Pangaud et al., 1957 ; Buchs et al., 1962 ; Chessex et al., 1964). Plus récemment Hunziker (1969) a obtenu une isochrone sur roche totale par la méthode Rb/Sr, fournissant pour le granite du Mont Rose, un âge de 310 +/- 50 Ma. Ce socle est hercynien, il a été largement repris par l'orogenèse alpine. Les Schistes Lustrés ne représentent pas dans leur totalité la couverture de ces massifs cristallins qui apparaissent en fenêtre sous ceux-ci. Ils constituent une gigantesque nappe, la nappe des Schistes Lustrés, constituée par des sédiments océaniques très monotones (série calcaréo-marneuse ou argileuse, rarement gréseuse) incluant des ophiolites.

Les ophiolites représentent les restes de l'océan alpin, disparu lors de la collision entre la plaque européenne et la plaque sud-alpine. L'âge de cette croûte océanique ainsi que l'extension de l'océan alpin (vaste domaine alpin ou petits bassins ?) sont encore largement discutés.

La marge sud-alpine débute à l'Ouest de Turin par la zone de Sésia Lanzo et son caractère chevauchant est représenté par les klippes de la Dent Blanche et du Mont Emilius. La zone de Sésia est bordée à l'Est par la Faille du Canavèse, de l'autre côté de laquelle se situe la zone d'Ivrée, puis plus à l'Est la plaine du Pô, représentant une partie effondrée de la marge sud-alpine. La zone de racine des nappes de la Dent Blanche et du Mont Emilius, charriées sur la marge continentale européenne, se situe dans Sésia Lanzo.

II- Ages Traces de Fission des zircons des Alpes franco-italiennes

1) Datation des zircons par Traces de Fission

Un article complet sur la méthode de datation par Traces de Fission (Carpena et Mailhé, 1985) a été publié, montrant que l'intérêt de cette méthode est que la température va gouverner le comportement des chronomètres utilisés. Ceci est dû au fait que les traces de fission sont des défauts physiques dans le réseau cristallin des minéraux, très sensibles aux variations de température affectant les roches pendant les mouvements de l'écorce terrestre. Le principe de la méthode (Carpena et Mailhé, 1985) a permis de tester le comportement du chronomètre zircon dans des contextes géologiques simples. Avant d'utiliser le zircon dans un contexte alpin, nous avons testé ce chronomètre dans un contexte géologique plus simple. Dans le contexte de la chaine hercynienne, plus ancienne, la datation de zircons a fourni des âges concordants avec ceux des méthodes de datations classiques comme par exemple l'âge des biotites en Argon 39 – Argon 40 à 280 Ma (Carpena, 1980). Nous avons aussi voulu corréler les âges Traces de Fission obtenus sur les zircons du complexe volcanique du Morvan à ceux fournis par une méthode de datation comme la palynologie (Carpena et al., 1984). La corrélation obtenue est des plus satisfaisante et le chronomètre zircon nous parait fiable pour la datation des métamorphismes alpins, à condition toutefois de respecter quelques règles de travail essentielles. Le zircon est un chronomètre dont la température de fermeture se situe vers 250-300°C. Celle-ci montre une certaine variabilité que nous allons discuter dans la deuxième partie de cet ouvrage, en montrant que celle-ci dépend non seulement de la vitesse de refroidissement de la roche, mais aussi de son passé thermique, y compris de ses conditions de cristallisation (Carpena, 1992, 1993). Ainsi, chaque zircon a sa propre température de fermeture qu'il faudrait estimer à chaque fois. Heureusement, l'étude géologique toujours associée aux datations, fournit des contraintes qui permettent d'interpréter les données. La datation des zircons peut fournir, selon l'histoire thermique de la roche étudiée, son histoire de cristallisation, l'âge d'une phase métamorphique ayant affecté la roche ou le refroidissement de cette phase. Nous verrons que certains âges obtenus peuvent être des âges mixtes, sans signification géologique, mais que nous pouvons comprendre tout de même, à la suite d'une étude géochronologique poussée du secteur.

2) La coupe étudiée et les questions posées

La coupe étudiée dans cet ouvrage est orientée Nord-Nord Ouest/ Est-Sud Est, elle s'étend de la zone d'Ivrée à l'Est aux massifs cristallins externes à l'Ouest et recoupe toutes les zones internes des Alpes franco-italiennes. Sur cette coupe, nous avons étudié un massif cristallin interne, le Grand Paradis, et les ophiolites contenues dans les Schistes Lustrés de la zone piémontaise. Quelques datations ont été effectuées dans la zone de Sézia Lanzo, la zone d'Ivrée et dans le massif cristallin externe du Mont Blanc. La comparaison des résultats obtenus dans ces différentes unités va nous amener des contraintes thermiques et temporelles pour un modèle géodynamique de l'orogenèse alpine dans ce secteur des Alpes internes. Pourtant, de nombreux modèles géodynamiques ont déjà été proposés pour les Alpes franco-italiennes (Caby et al., 1978 ; Mattauer et Tapponier, 1978) mais nous aimerions répondre aux questions suivantes :

- quelle a été, pour chaque phase, la température atteinte ?
- quelle est la liaison entre la phase thermique et la phase tectonique ?
- quelle a été la durée du refroidissement de chaque phase thermique ?
- quelle a été la vitesse de soulèvement postérieur à chaque phase tectonique ?
- a-t-il existé un continuum thermique entre les phases tectoniques ?
- faut-il invoquer un diachronisme des phases tectoniques pour expliquer ce continuum thermique ?

Une réponse peut être donnée à chacune de ces questions, à condition d'utiliser les deux chronomètres apatite et zircon d'une part, et d'associer à l'étude géochronologique, une étude géologique du secteur daté.

3) Zircons des ophiolites de la zone Piémontaise

Cinq zircons de roches plutoniques de la séquence ophiolitique dans la zone Pièmontaise ont été datés par la méthode des Traces de Fission (Carpena et Caby, 1984). Les roches datées dans cette étude proviennent de la zone externe de la zone piémontaise, située entre la zone Briançonnaise et les massifs cristallins internes (Figures 5).

Coupe Est-Ouest replaçant les unités échantillonnées et datées

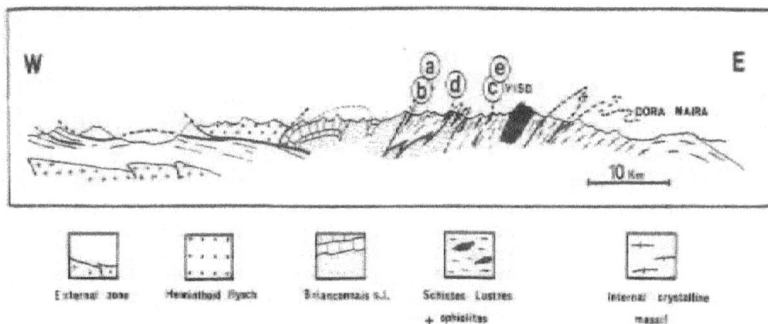

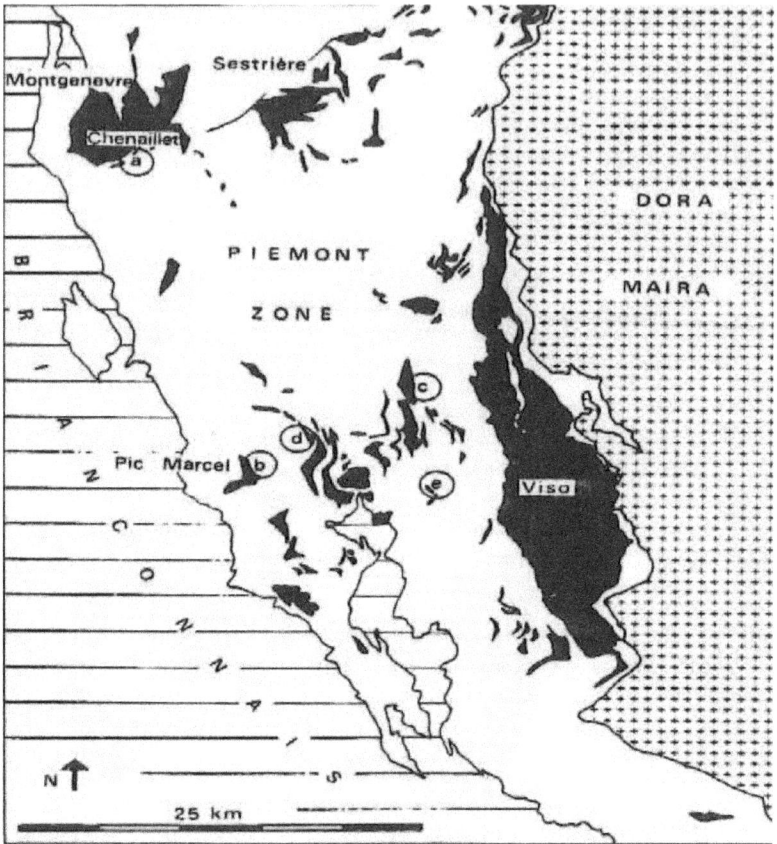

Figure 5 : Localisation des échantillons datés ; a- Chenaillet b- Pic Marcel c- Clausis d- Médille
e- Agnel . Ces échantillons sont aussi reportés sur une coupe Est-Ouest.

Les échantillons datés sont des roches plutoniques appartenant à différentes unités des ophiolites, considérées comme des témoins de la croûte océanique de l'océan alpin (Lemoine, 1980 ; Lagabrielle, 1981). Les âges obtenus sur les différents zircons datés sont compris entre 192+/-6 Ma et 212+/-8 Ma, indiquant que les roches plutoniques des ophiolites avaient cristallisé et étaient refroidies sous l'isotherme 300°C dès le Trias supérieur- Jurassique inférieur, en accord avec Odin (1982) et Bigazzi et al. (1973) qui avait obtenu sur zircons aussi, un âge de 185+/- 23 Ma. Un autre résultat issu de ces âges obtenus sur zircons est que le métamorphisme alpin n'a pas affecté ces zircons. L'association glaucophane-jadéite-lawsonite des roches datées semblent indiquer pourtant que les conditions pendant le métamorphisme Haute Pression et Basse Température étaient de 6 à 8 Kbar et de 300 à 350°C (Lacassie, 1981, données non publiées ; Maurin, 1982, données non publiées). Compte tenu des données disponibles pour la rétention des traces dans les zircons et des conditions pression – température fournies par les assemblages de Haute Pression de ces roches, ces âges suggèrent que la phase de Haute Pression dans cette zone a été un évènement « froid » et/ou de courte durée. Krishnaswami et al., (1974) ont montré, par des expériences de recuit en laboratoire, que des zircons pouvaient supporter, sur de courtes durées de 100 à 1000 ans, des températures aussi hautes que 400-450°C, sans perdre aucune trace, de fission. C'est pourquoi, nous pensons que les âges obtenus indiquent que dans cette zone externe de la zone piémontaise, le métamorphisme alpin de Haute Pression et Basse Température a effectivement atteint une température de 300 à 350°C, comme l'indiquent les assemblages minéralogiques, mais cet évènement n'a pas duré longtemps, pas plus qu'un million d'années. Par contre, le seul âge obtenu sur les apatites du Pic Marcel, âge de 36 +/- 3 Ma, indique que le dernier refroidissement en dessous de 100°C de ce secteur de la zone piémontaise, a eu lieu à la fin de l'Eocène. Ceci est en accord avec l'âge de 39 +/- 2 Ma obtenu sur les phengites d'un échantillon de méta-radiolarite du Pic Marcel (Caby et Bonhomme, 1982) et interprété comme indiquant la fin du métamorphisme alpin.

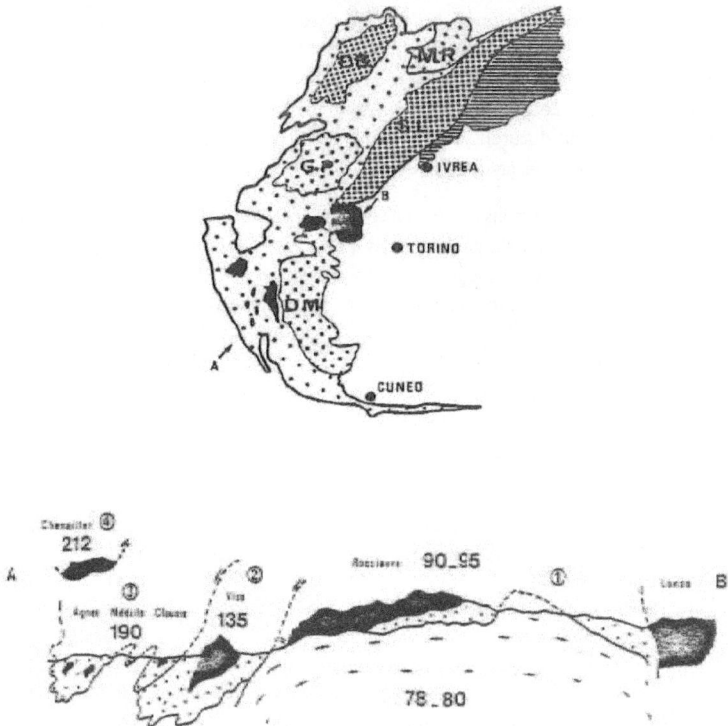

Figure 6 : Carte de situation de la coupe AB, et coupe indiquant les âges obtenus sur zircons des massifs ophiolitiques (en noir).

En conclusion, les zircons des ophiolites de la zone piémontaise externe ont fourni des âges qui obligent d'admettre que dès le Trias supérieur – Lias inférieur, les termes supérieurs des ophiolites se refroidissaient en dessous de 250-300°C. Ces datations fournissent donc un âge minimum pour la croûte océanique alpine. Les premiers sédiments déposés sur ces ophiolites contiennent des radiolaires datés de l'Oxfordien supérieur – Kimméridgien moyen (De Wever et Caby, 1981). Il s'est donc déroulé 40 Ma environ entre l'intrusion des roches plutoniques et le dépôt des sédiments pélagiques sur cette croûte océanique. Or, dans cette zone piémontaise externe, la séquence ophiolitique se caractérise par l'absence des termes supérieurs d'une série ophiolitique classique ; il semble que cette croûte océanique ait été remaniée avant le dépôt des sédiments (Tricart et al., 1982). Il est possible que ces 40 Ma écoulés depuis l'intrusion des roches plutoniques, correspondent à ce remaniement de la croûte. D'autre part, les âges plus jeunes du Jurassique moyen, obtenus pour les ophiolites des Alpes occidentales, pourraient suggérer un temps d'accrétion assez long entre le Trias supérieur et le Jurassique moyen (environ 40 Ma). Ce phénomène peut d'ailleurs avoir été continu ou discontinu. En considérant le phénomène continu, à un taux rapide d'accrétion de 5cm/an, l'océan alpin pourrait avoir atteint 2000 Km de largeur. Ce chiffre est un maximum car le phénomène d'accrétion a pu être plus lent et discontinu. Les zircons d'un gabbro du Banc de Gorringe (Sud du Portugal), correspondant aux termes les plus anciens du fond océanique atlantique, ont fourni un âge Traces de Fission de 197+/-12 Ma, concordant avec ceux des ophiolites du Queyras (Trias supérieur – Lias). Ceci suggère que l'ouverture de l'océan alpin a pu être synchrone de celle de l'océan atlantique. Nous discutons plus longuement de cette datation du Banc de Gorringe dans une annexe qui lui est consacrée, en fin de l'ouvrage.

D'autre part, les âges des zircons des ophiolites du Queyras fournissent d'autres renseignements. En effet, le chronomètre zircon n'a pas été remis à zéro lors du métamorphisme Haute Pression qui a affecté cette zone au Crétacé supérieur. Il faut donc admettre un évènement métamorphique « froid » et/ou de courte durée. Les estimations de température de ce métamorphisme dans les roches datées indiquent un pic thermique ayant atteint 300°C. Ceci implique soit une durée de ce pic thermique très brève, inférieur au million d'années, soit que la température nécessaire pour affecter et remettre à zéro le chronomètre zircon de ces roches est supérieure aux 300°C, généralement admis. Voilà un exemple précis montrant que l'étude géologique du secteur daté peut apporter des renseignements précieux sur les chronomètres Traces de Fission, pouvant ainsi faire progresser la connaissance du comportement des traces de fission dans ces minéraux.

4) Zircons des ophiolites de Lanzo, Rocciavre et Viso

Nous avons vu, au début de cette synthèse, que le métamorphisme de Haute Pression dans les Alpes franco-italiennes se caractérise par de fortes pressions, pouvant quelquefois atteindre 25Kbar. Ce métamorphisme s'exprime par des faciès différents en fonction de la température : le faciès schiste bleu de basse température, le faciès schiste bleu de haute température ou le faciès éclogitique. Sur des bases géochronologiques, il est admis que, dans les zones internes des Alpes, cette phase s'est produite au Crétacé supérieur (Vialette et Vialon, 1964 ; Hunzicker, 1974 ; Bocquet et al., 1974 ; Chopin et Maluski, 1979, 1980 ; Monié, 1984). Il semble bien établi aussi que seul un phénomène de subduction-obduction soit vraiment capable d'engendrer les fortes pressions caractérisant ce métamorphisme (Ernst, 1971 ; Dewey, 1976 ; Mattauer et Proust, 1976).

Nous venons de voir que les zircons des ophiolites de la zone piémontaise externe n'avaient enregistré aucun évènement thermique au Crétacé supérieur, suggérant un évènement froid et/ou de courte durée à cet endroit. La datation par Traces de Fission des zircons des ophiolites de massifs plus internes (Figure 7) comme Lanzo, Rocciavre et Viso (Carpena et al., 1986) où des faciès éclogitiques ont été signalés (Lombardo et al., 1978 ; Pognante, 1980), permettent d'étudier le comportement de ces chronomètres lors de cette phase métamorphique. Les assemblages éclogitiques attestent que le métamorphisme de Haute Pression a été de plus haute température que dans la zone externe, avec des températures de 550-600°C permettant la cristallisation de minéraux comme l'omphacite et le grenat.

Le Mont Viso, constitué d'ophiolites alpines métamorphisées, est un massif allongé dans une direction nord-sud, de 35 Km de long et 8 Km de large et qui s'étend du Val Varaita au Val Germanasca. Il est constitué de plusieurs unités qui ont toutes subi la même histoire métamorphique. Celle-ci peut être résumée en trois épisodes principaux : un métamorphisme océanique, un métamorphisme de Haute Pression dans le faciès éclogite puis Schiste Bleu à glaucophane et enfin un métamorphisme Schiste Vert, rétromorphosant les assemblages de Haute Pression (Lombardo et al., 1978). Le complexe du col Gallarino se présente sous la forme d'une lame subhorizontale d'une puissance d'une centaine de mètres, constituée par des métagabbros à omphacite à structure mylonitique. Cette lame semble représenter un contact tectonique important. Dans ces métagabbros, nous avons échantillonné un filon de trondjhémite qui a fourni suffisamment de zircons pour être daté par Traces de fission. L'âge obtenu est de 135 +/- 8 Ma (Carpena et al., 1986).

Le massif de Rocciavre est un petit massif ophiolitique, situé au Nord du massif cristallin interne de Dora Maira, principalement constitué de serpentinites à antigorite, de gabbros et ferrogabbro, le tout métamorphisé dans le faciès éclogite. Des assemblages à pyroxènes sodiques, grenat, zoïsite, glaucophane ont cristallisé. Ce massif est aussi largement tectonisé (Pognante, 1980). L'échantillon daté, prélevé par Pognante, est un gabbro pegmatoïde à zircons (Figure 8) qui ont fourni un âge Traces de Fission de 93 +/- 7 Ma (Carpena et al., 1986).

Figure 8: Traces de fission des zircons du gabbro du massif de Rocciavre (grossissement x1600)

Le massif de Lanzo est principalement constitué de lherzolites, avec quelques dunites et des dykes de gabbros et de basalte (Nicolas, 1966). D'abord interprété comme étant un morceau de manteau profond appartenant à la plaque sud-alpine (Nicolas et Boudier, 1977), il est maintenant considéré comme un massif de métaophiolites (Compagnoni et Sandrone, 1979). Ce massif a lui aussi connu une évolution métamorphique complexe puisque, postérieurement au métamorphisme de Haute Pression éclogitique (associé à une intense déformation avec linéation à glaucophane, mylonites de péridotites et de gabbros), il subit un métamorphisme Schiste Vert, en climat statique (Nicolas, 1974). Les échantillons datés, prélevés par Lombardo et Pognante, sont deux filons de plagiogranite riche en zircons qui ont fourni des âges de 95 +/- 9 et 90 +/- 8 Ma (Carpena et al., 1986).

Les âges obtenus, Viso 135 +/- 8 Ma, Rocciavre 93 +/- 7 Ma, Lanzo 95 +/- 9 et 90 +/- 8 Ma, démontrent bien que le chronomètre Traces de Fission de ces zircons a totalement été remis à zéro lors de la phase éclogitique alpine au Crétacé supérieur. Ils datent le refroidissement de cette phase qui, compte tenu des valeurs obtenues, semble ne pas avoir été synchrone dans tous ces massifs. C'est l'échantillon du Viso qui semble avoir refroidi le plus tôt à la suite du pic thermique éclogitique. En effet, cet âge est concordant avec ceux obtenus par différentes méthodes sur les roches éclogitiques alpines et interprétés comme datant l'éclogitisation : 110-130 Ma pour les éclogites du Monte Mucrone en Rb-Sr sur Roche totale (Oberhansli et al., 1983), 120-130 Ma sur les phengites des éclogites du Monte Mucrone en Argon 39-Argon 40 (Hy, communication personnelle), 129 Ma sur les zircons du granite éclogitique du même endroit par Traces de Fission (Carpena, 1984), 105-115 Ma sur les phengites du Mont Rose en Argon 39- Argon 40 (Monié, 1984), 105 Ma sur les phengites d'une roche à coésite du socle de Dora Maira en Argon 39- Argon 40 (Monié, 1984).

Par contre, les zircons des échantillons de Rocciavre et de Lanzo ont fourni des âges plus jeunes aux alentours de 90 Ma. Nous interprétons aussi ces âges comme des âges de refroidissement, celui-ci ayant été pour ces massifs, plus tardif. Pour l'instant, aucune différence significative dans l'histoire métamorphique ne peut être invoquée pour expliquer cette différence d'âge avec les zircons du Mont Viso. Un refroidissement plus tardif après le pic thermique éclogitique pourrait rendre compte de cette différence. En effet, maintenus en profondeur plus longtemps, les massifs de Rocciavre et de Lanzo n'auraient pu remonter en surface et se refroidir que plus tard, vers 90 Ma.

Pour expliquer ces âges différents, nous proposons l'évolution schématisée sur la figure 9. Après la cristallisation des roches ophiolitiques, au Trias supérieur-Lias (stade de l'expansion océanique), le régime de subduction océanique s'instaure. C'est peu de temps avant 135 Ma que des morceaux de croûte océanique sont entraînés en profondeur, éclogitisés (Viso, Rocciavre, Lanzo), alors que d'autres blocs, toujours restés en position plus superficielle, réussissent à échapper au métamorphisme de Haute Pression (Chenaillet) ou bien ne le subissent pas suffisamment longtemps pour que le chronomètre Traces de Fission des zircons soit remis à zéro (Médille, Clausis, Agnel) (Carpena et Caby, 1984). L'obduction se produit, permettant le refroidissement rapide de certaines unités dans l'édifice des nappes (Viso). Par contre, d'autres unités comme Rocciavre et Lanzo, maintenues plus longtemps en profondeur, ne pourront se refroidir qu'une fois que les unités superficielles, d'origine plus interne, froides, se seront mises en place à 90 Ma en position plus externe. Dans ce modèle, les unités en position externe, seraient celles mises en place le plus tard, à 90 Ma et seraient les plus charriées, d'origine la plus interne. Par contre, les unités en position interne, se sont mises en place peut être précocement, mais en position plus profonde. La durée de leur refroidissement est fonction de l'épaisseur de la pile de nappes au dessus. Ainsi, si le massif du

Viso a pu se refroidir assez tôt à 135 Ma, cela n'a pas été le cas pour les massifs de Rocciavre et de Lanzo.

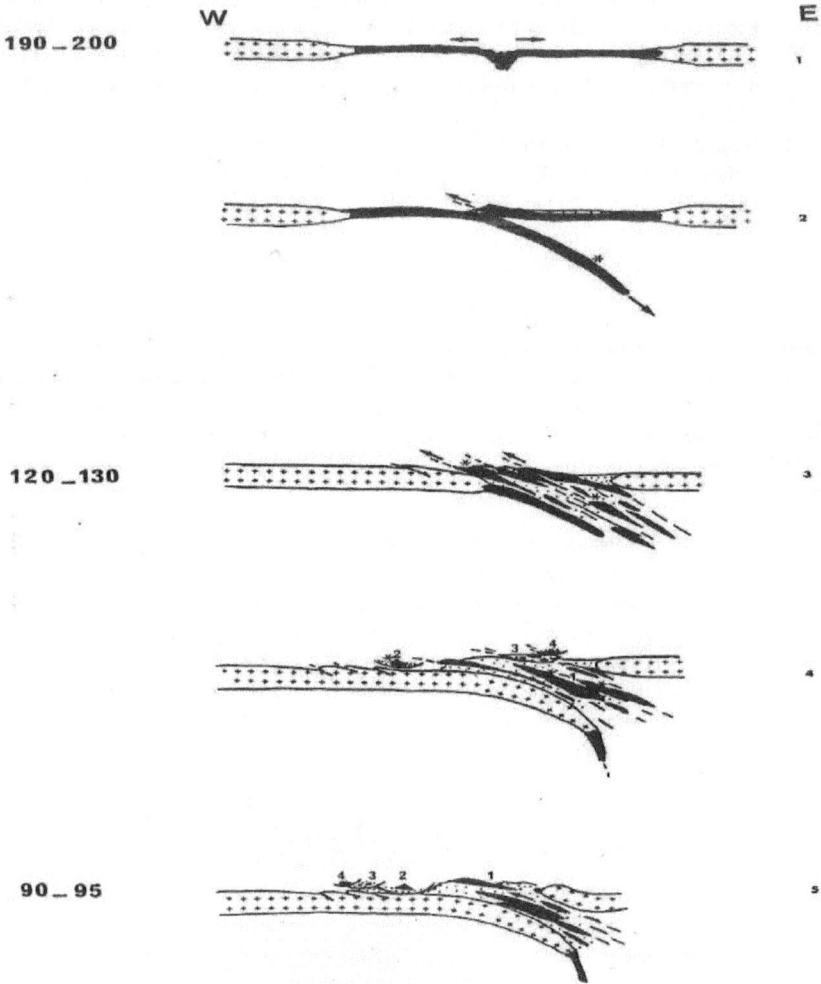

Figure 9: Schéma d'évolution de la mise en place des différentes unités ophiolitiques (Carpena et Caby, 1984) :

1- Expansion océanique : cristallisation des roches volcaniques des ophiolites vers 190-200 Ma
2- Subduction océanique : les unités de croûte océanique entrainées à grande profondeur sont éclogitisées (*)(unités de Lanzo et Rocciavre (1) et du Mont Viso (2). D'autres unités restent en position plus superficielle.

3- A 135 Ma, certaines unitées éclogitisées (Viso (2)) remontent très vite, refroidissent, d'autres sont maintenues en profondeur (Rocciavre et Lanzo (1)).

4- Obduction de la nappe des Schistes Lustrés sur la marge continentale européenne : l'unité de Rocciavre et Lanzo (1) est maintenue en profondeur par les unités plus superficielles (Chenaillet (4), Clausis, Médille et Agnel (3)), toujours restées en position élevée dans la pile de nappes (unités d'origine plus interne). Les minéraux du métamorphisme Schiste Bleu cristallisent.

5- Les unités 4, 3 et 2 sont mises en place. L'unité 1 de Rocciavre et Lanzo, remonte vers la surface et se refroidit. C'est seulement vers 78-80 Ma que le socle de Dora Maira se refroidira à son tour (Carpena, 1984).

Ce modèle permettrait d'expliquer la fourchette d'âges compris entre 140 et 80 Ma, obtenus par les diverses méthodes de datation pour cette phase de métamorphisme Haute Pression éoalpine. Les âges à 140-130 Ma dateraient plutôt les stades précoces de la phase de Haute Pression, ceux plus jeunes (90-80 Ma) dateraient le refroidissement final de cette phase, les cristallisations pouvant être de plusieurs générations au cours du temps. De plus, un léger diachronisme a pu exister d'un secteur à l'autre, qui pourrait avoir accentué l'écart entre les divers âges de refroidissement.

Une conclusion supplémentaire doit être mentionnée : le métamorphisme Schiste Vert ayant affecté ces trois massifs d'ophiolites n'a pas affecté le chronomètre Traces de Fission de leurs zircons. Nous suggérons que ce métamorphisme a pu se produire dans la foulée du métamorphisme de Haute Pression, à la suite d'une diminution de la pression à température constante. Cet évènement thermique serait alors distinct du métamorphisme lépontin. C'est peut être ce métamorphisme Schiste Vert qui a duré plus longtemps dans les massifs de Rocciavre et de Lanzo, maintenus en profondeur. Une datation par Traces de Fission des apatites de ces roches nous fournirait des renseignements sur la fin de l'histoire thermique de ces massifs.

5) Zircons d'un massif cristallin interne, le Grand Paradis

Les massifs cristallins internes Mont Rose, Grand Paradis et Dora Maira (Figure XX) sont constitués par un socle hercynien déformé et ils apparaissent en fenêtre sous la Nappe des Schistes Lustrés. Nous n'avons pas étudié le massif du Mont Rose, trop proche de la région simplo-tessinoise (dôme thermique Lépontin), pour que nos chronomètres Traces de Fission aient pu mémoriser la phase éoalpine. Notre étude se limite au Grand Paradis et à la partie la plus septentrionale de Dora Maira. Dans ce secteur, le métamorphisme Haute Pression a été étudié par de nombreux géologues et pétrographes (Bertrand, 1968 ; Bocquet, 1974 ; Compagnoni et Lombardo, 1974 ; Chopin, 1979, 1981). Ces différentes études ont abouti à une estimation des conditions thermodynamiques de cette phase dans ce secteur : pression supérieure à 7 Kbar et température dans la gamme 400-450°C. Les datations Rb/Sr, K/Ar ou Argon 39-Argon 40 sur minéraux ont donné une fourchette d'âges entre 90 et 65 Ma (Hunzicker, 1974 ; Bocquet et al., 1974 ; Chopin et Maluski, 1978, 1980 ; Monié, 1984).

Les différents échantillons datés ont été prélevés le long de grandes coupes verticales entre 1100 et 4000 m d'altitude (annexe des coupes géologiques) et une trentaine d'échantillons de zircons ont été datés (Figure 10) (Carpena, 1985 ; Carpena et Caby, 1983 ; Carpena et Mailhe, 1984).

Figure 10: Localisation des échantillons datés dans le massif du Grand Paradis. Les échantillons reportés sur la coupe de la figure 9 sont situés entre les deux lignes en pointillés.

1- Chialamberto 2- Borgo 3- Forno 4- Roccette 5- Daviso 6- Fea 7- Iseran 8- Ecot 9- Carro 10- Pariottes 11- Bottegotto 12- Fornetti 13- Noasca 14- Scalari 15- Ciarbonara 16- Bochetta 17- Crocetta 18- Balma 19- Jervis 20- Villa 21- Loserai 22- DB12 23- Nivollet 24- GP3 25- GP5 26- Pont 27- Granp4 28- Granp2 29- GPS 30- Eaux Rousses 31- Erfaulet 32- Teleccio 33- Campiglia 34- Tressi 35- Cogne

Les roches échantillonnées sont des gneiss, orthogneiss ou paragneiss, dont les différents faciès sont décrits dans l'annexe pétrographique, en fin d'ouvrage. Les âges Traces de Fission obtenus sur les zircons s'étalent entre 29 et 93 Ma et sont reportés sur la carte de la Figure 11. Dans la partie la plus méridionale du massif les âges sont du Crétacé supérieur (93 à 60 Ma). Excepté pour le secteur des Lévannes, au sud, un gradient inverse des âges avec l'altitude est remarqué : dans le fond des vallées (1100 à 1300m d'altitude) les zircons donnent des âges de 80-82 Ma, tandis que ceux de roches plus

17

élevées (2600m) fournissent des âges à 60 Ma. Les zircons de zones d'ultramylonites (mylonites de Nivollet, du Carro, de Loserai, de Daviso) donnent des âges éocènes entre 39 et 44 Ma, montrant que

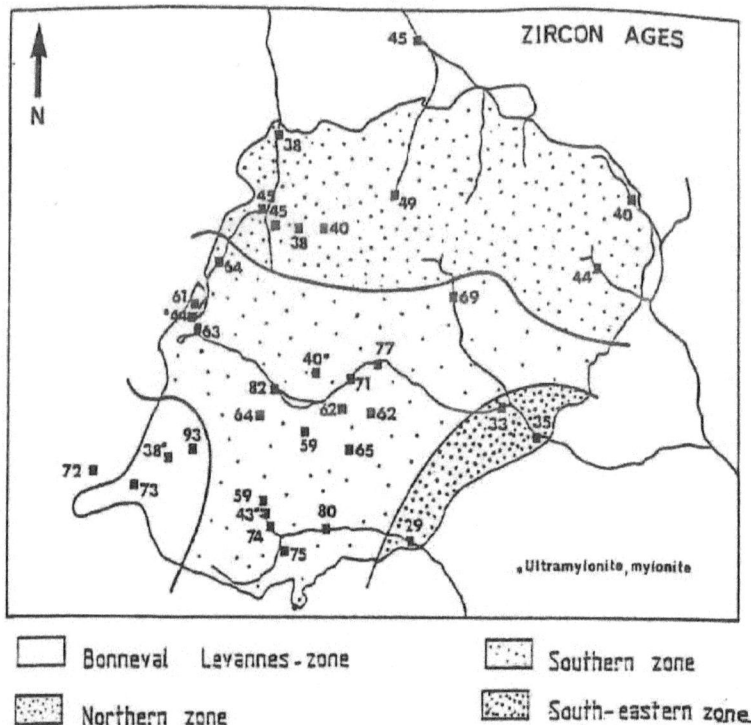

Figure 11 : Ages obtenus sur les zircons du Grand Paradis (Carpena, 1985)

l'horloge Traces de Fission de ces zircons a été complètement remise à zéro à cette époque (Carpena et Caby, 1983). Dans la partie la plus septentrionale du massif, tous les zircons ont fourni des âges éocènes avec, là aussi, un gradient inverse avec l'altitude : de 49 Ma pour les zircons du granite de l'Erfaulet à 1900m d'altitude à 40 Ma pour les zircons du sommet du Grand Paradis à 4061 m d'altitude. Des âges plus jeunes de l'Oligocène, à 29-35 Ma ont été obtenus dans le secteur sud-est du massif (Carpena, 1984). Etant donné que dans l'histoire de refroidissement d'un massif, les roches situées le plus haut passent généralement les isothermes avant les roches des vallées, ces âges ont été interprétés comme un gradient inverse d'âges avec l'altitude, ce gradient ayant été provoqué par la mise en place « chaude » d'une nappe au dessus de ce massif (Carpena, 1985) (Figure 12). Ainsi, les conclusions amenées par ces âges sur zircon sont les suivantes : lorsque le chronomètre Traces de Fission des zircons n'a pas été remis à zéro à l'Eocène (dans le nord du massif et dans les zones mylonitiques), les zircons nous livrent des âges compris entre 93 et 65 Ma. Ces âges datent le refroidissement en dessous de 250-300°C après le pic de métamorphisme de Haute Pression au Crétacé supérieur. Ce refroidissement n'a pu s'effectuer qu'après l'érosion de la Nappe des Schistes

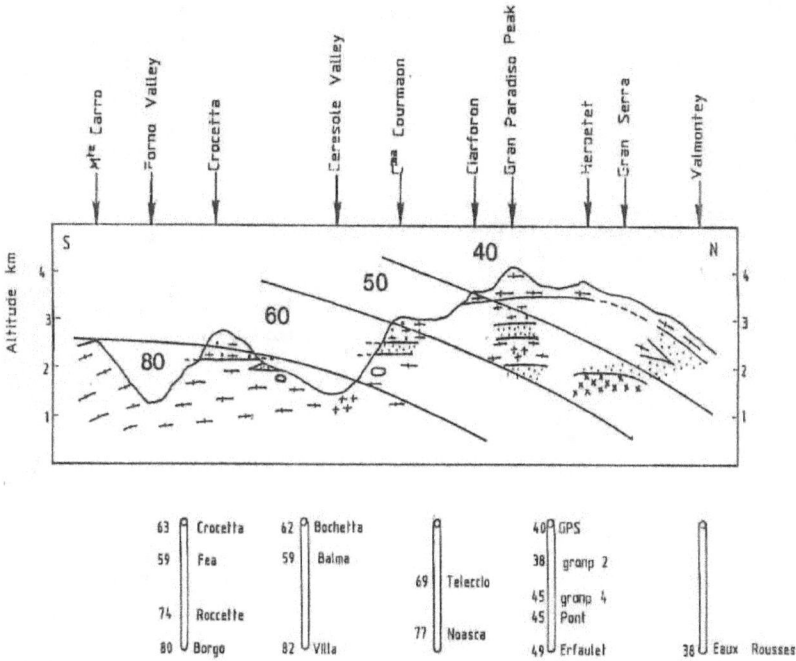

Figure 12 : Ages traces de fission obtenus sur les zircons du Grand Paradis, replacés sur une coupe Nord Sud. Les carottes représentent les différentes coupes verticales effectuées.

Lustrés, obductée sur la marge européenne que constituent les massifs cristallins internes. Si on considère que l'éclogitisation s'est produite il y a 130 Ma (à une température de 500°C), que le refroidissement en dessous de 250-300°C a eu lieu à 90 Ma, le refroidissement du pic thermique du métamorphisme de Haute Pression s'est effectué à une vitesse de 5 à 6°C par million d'années (Carpena, 1984). Un résultat important concerne l'âge des zircons des mylonites, âges éocènes (Figure 13). Ces âges amènent les conclusions suivantes. Les derniers mouvements dans les zones d'ultramylonites ont eu lieu à l'Eocène. C'est l'échauffement qui est responsable de la réouverture du chronomètre Traces de Fission. Les conditions thermiques de cette déformation ont dépassé les 250°C, ce qui est en accord avec la présence de mica blanc et de biotite syn à tardi-mylonitiques. Ces ultramylonites seraient donc un témoignage des rétrocharriages déjà mis en évidence par Bertrand

19

(1968) dans ce Grand Paradis, puis interprétés dans différents modèles géodynamiques à l'échelle de la chaine (Mattauer et Tapponier, 1978 ; Caby et al., 1978).

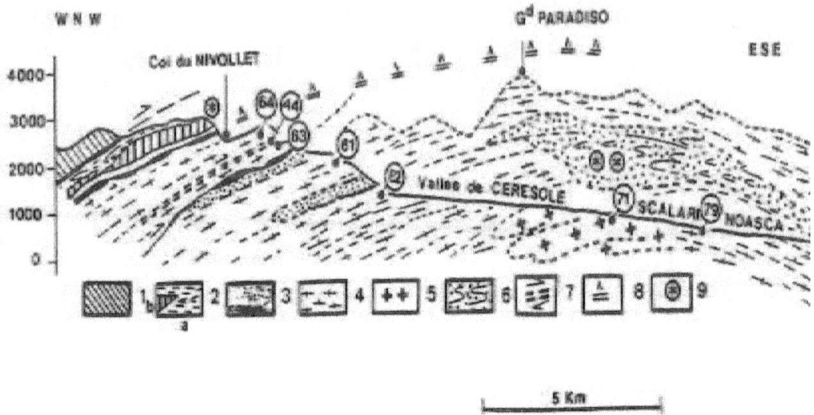

Figure 13 : Coupe géologique schématique de la partie centro-occidentale du massif du Grand Paradis dans la vallée de Ceresole-Locana (Carpena et Caby, 1983).En tireté : coupe projetée des parties hautes du massif situé 10 Km au nord.

1- Permo-carbonifère de la zone du Grand Saint Bernard 2- mésozoïque piémontais allochtone avec a- calcschistes b- ophiolites 3 - cargneules et lambeaux triasiques. Massif du Grand Paradis : 4- orthogneiss granitiques 5- granite de Scalari 6- micashistes « gneiss minuti » 7- zone ultramylonitique et sens de cisaillement 8- contact basal de la nappe piémontaise, extrapolé 9- éclogites

6) Zircons du socle austro-alpin à l'Est de la ligne insubrique

Une étude géochronologique complète a été effectuée dans la zone d'Ivrée, au moyen de nombreuses méthodes, Rb/Sr sur roche totale, U/Pb sur monazites, Rb/Sr et K/Ar sur muscovites et K/Ar sur biotites (Hunzicker, 1974 ; Zingg et Hunzicker, 1983). Ces auteurs s'accordent à dire que les roches de cette zone n'ont pas été affectées par l'orogenèse alpine et qu'elles subissent un refroidissement lent et régulier depuis le Permien.

Deux roches échantillonnées à l'Est de la ligne insubrique, les kinzigites d'Ivrée et le granite de Mucrone ont fourni des zircons. Les âges Traces de Fission de ces zircons sont de 120 +/- 5 Ma pour Ivrée et 129 +/- 7 Ma pour Mucrone. Etant donné que les températures de fermeture des zircons pour la méthode des Traces de Fission est de 250-300°C, ces âges indiquent que ces roches ont refroidi en dessous de cette température à 120-129 Ma et n'ont plus subi d'autre évènement thermique aussi chaud depuis cette époque. Ce qui peut être discuté c'est de quel refroidissement il s'agit, refroidissement lent depuis le Permien comme le suggèrent Hunzicker et Zingg, ou refroidissement après la phase d'éclogitisation éoalpine. Nos âges sont concordants avec ceux obtenus au même endroit, en Rb/Sr sur Roche Totale par Oberhaensli et al., 1983, âges de 110-130 Ma. Cela semble avantager la deuxième hypothèse d'une empreinte thermique de la phase d'éclogitisation éoalpine sur cette zone.

Deux autres roches, échantillonnées à l'Est de la ligne insubrique, mais sur la bordure ouest de la zone de Sézia (Figure 14) ont fourni des zircons que nous avons pu dater. Ces roches se situent dans la zone métamorphique du faciès Schiste Vert (Kienast, 1973 ; Lattard, 1974 ; Lardeaux, 1981) et leurs zircons ont fourni des âges de 30 Ma et 44 Ma (Carpena, 1984), indiquant que cette zone de Sézia, sur sa bordure externe, a été affectée par le même évènement thermique Eocène que la bordure orientale du massif du Grand Paradis. Cet évènement thermique correspondrait au charriage vers l'Ouest de la nappe austro-alpine du Mont Emilius, la zone externe de Sézia, faisant partie de la base de la nappe. Les âges des zircons de la partie la plus interne de Sézia (zone d'Ivrée) sont eux restés indemnes lors de cet épisode tectonique puisqu'ils ont fourni des âges de 120-130 Ma.

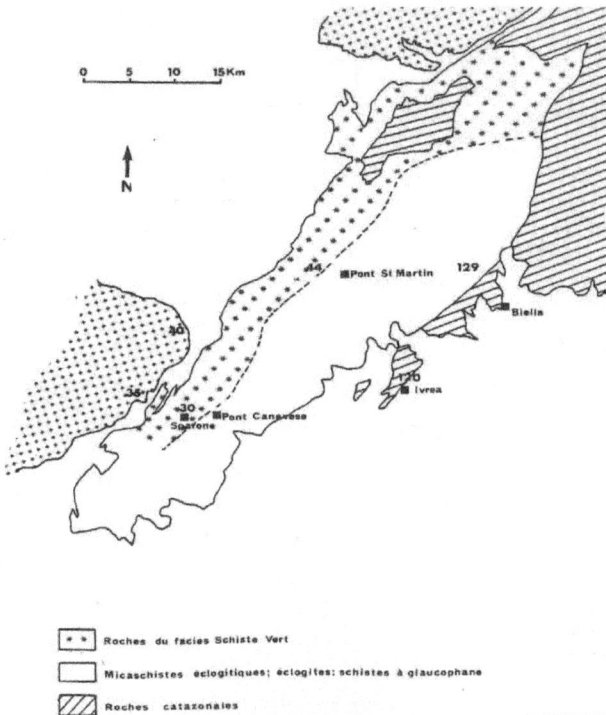

Figure 14 : Zonéographie du métamorphisme dans Sézia Lanzo d'après Kienast, 1971, 1973 ; Lattard, 1974 ; Lardeaux, 1981. Ages Traces de Fission obtenus sur zircons (Carpena, 1984).

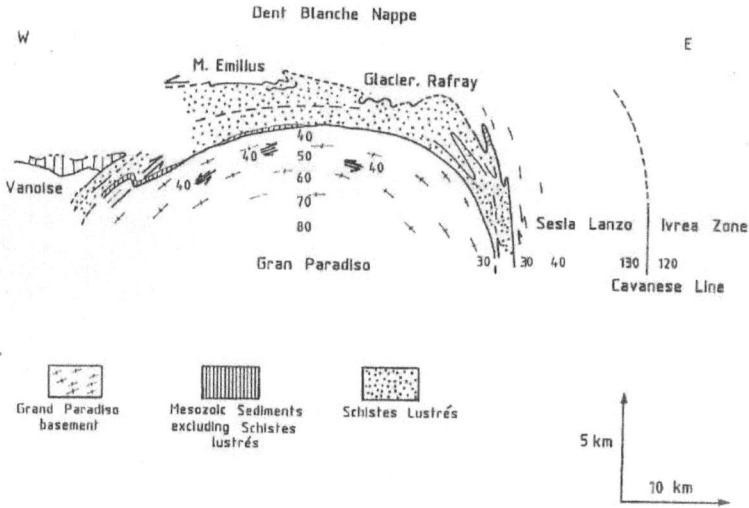

Figure 15 : Distribution des âges Traces de Fission obtenus sur zircons sur une coupe synthétique Est Ouest des Alpes franco-italiennes (Carpena, 1984).

Ainsi, la coupe de la Figure 15 permet de visualiser l'ensemble des âges Traces de Fission obtenus sur zircons. L'ensemble de ces âges nous permettent de proposer quelques contraintes thermiques pour les différents stades d'évolution des Alpes franco-italiennes (Figure 16). Sur cette figure les différents stades sont reportés.

Stade (A) de l'ouverture océanique : L'ouverture océanique débute au moins dès 190-200 Ma puisque les termes supérieurs de la série ophiolitique refroidissaient à cette époque. L'ouverture de l'océan alpin pourrait être synchrone des premiers stades de l'ouverture de l'océan Atlantique.

Stades (B et C) de la subduction : Pendant le stade de la subduction océanique (B), puis continentale (C), des portions de croûte sont entraînées en profondeur. Elles sont alors soumises à des températures de 450-500°C et à des pressions fortes, quelquefois aussi élevées que 25 Kbars (à 80 Km de profondeur). C'est l'épisode éoalpin, daté à 135-120 Ma, pendant lequel les éclogites et les paragenèses de très haute pression cristallisent. D'importants cisaillements crustaux s'effectuent au

22

cours desquels la déformation et les cristallisations se répartissent de façon hétérogène. Certaines roches refroidissent très rapidement en remontant vite à des niveaux superficiels, pendant que d'autres sont maintenues plus longtemps en profondeur.

Stade de l'obduction (D) de la nappe des Schistes Lustrés : L'obduction de la nappe des Schistes Lustrés sur la marge européenne s'effectue dans un climat de Haute Pression, générateur du métamorphisme Schiste Bleu. Lors de cette phase, la température n'excédait pas 350°C, la pression variant aux alentours de 12-15 Kbars. Dans certaines unités, la durée de ce métamorphisme a pu être très brève. C'est le cas des ophiolites du Queyras. Par contre, le socle des massifs cristallins internes, maintenus en profondeur plus longtemps, a été largement affecté par cet épisode. Leur refroidissement ne pourra pas s'effectuer sous 250-300°C avant 90 Ma et pourra même durer jusqu'à 65 Ma. Vers les zones de plus en plus externes (Vanoise), les cristallisations dans le faciès Schiste Bleu se poursuivront jusqu'au Paléocène.

Stade (E) de la phase Eocène : La phase Eocène est une phase thermique importante de l'orogenèse alpine. Bien datée à 38-40 Ma, elle est liée au charriage de la marge austro-alpine sur la marge européenne. Mais son influence est très variable d'un secteur à l'autre des Alpes internes. Elle est décroissante vers le Sud. Dans le Dôme Simplo-Tessinois, où elle est appelée phase lépontine, les cristallisations se font dans le faciès amphibolite. Dans le socle du Grand Paradis, cette phase éocène est matérialisée par un « métamorphisme inverse », expliqué par la mise en place tectonique de la nappe du Mont Emilius. Ceci provoque une rétromorphose des paragenèses de Haute Pression dans le faciès Schiste Vert et un gradient inverse des âges Traces de Fission sur zircon avec l'altitude. Déjà, dans le sud de ce massif, l'influence thermique de cette phase a bien diminué, l'épaisseur de la nappe austro-alpine s'amincissant. La déformation ductile se limite aux zones de cisaillement (shear heating). Dans le Queyras, la nappe des Schistes Lustrés n'a été que très faiblement affectée par cette phase éocène (température inférieure à 250°C).

Stade (F) de la relaxation miocène : Si à cette époque, l'histoire métamorphique des zones internes des Alpes est terminée, la tectonique est encore largement active. En effet, une phase de soulèvement importante affecte le Nord du Grand Paradis (Carpena, 1984). L'érosion de la nappe austro-alpine est à son maximum. Une tectonique froide affecte les zones internes des Alpes franco-italiennes, mais au même moment à 20 Ma, dans les zones externes, le massif du Mont Blanc subit un soulèvement important de 1 mm/an (Carpena, 1992).

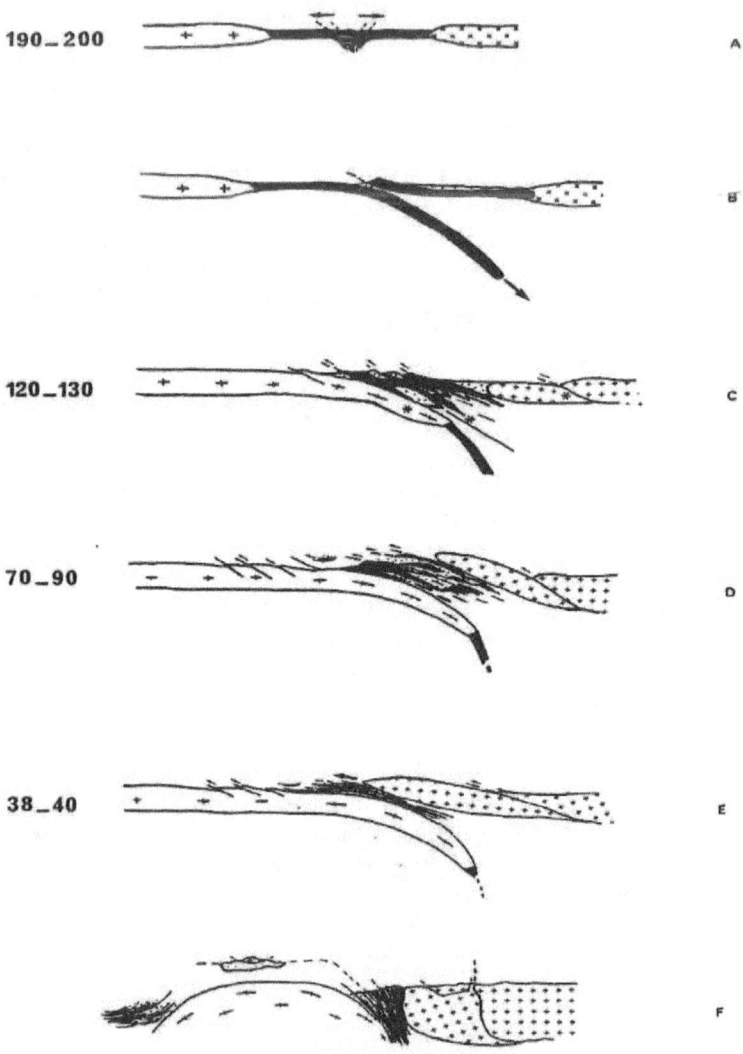

Figure 16 : Ages Traces de fission obtenus sur zircons et différents stades de l'orogenèse alpine (voir texte) (Carpena, 1984).

III- Les zircons, un chronomètre Traces de Fission multiple

1)   La typologie des zircons, leur teneur en uranium et thorium

Dès 1972 certains auteurs (Pupin et Turco, 1972) ont établi que suivant l'origine génétique des roches, les zircons ayant cristallisé montraient des typologies différentes. Très vite, un couplage entre la géochimie des éléments en traces des zircons et leur typologie ont été reliées aux conditions de cristallisation des roches hôtes (Pupin, 1976, 1980, 1985 et 1988). Une étude systématique de la géochimie des éléments en traces (U, Th, Hf et Y) dans différents types de granites a été entreprise et a abouti à une classification typologique des zircons (Pupin, 1992). Ainsi, la cristallisation des zircons, leur typologie cristallographique et leur géochimie, sont intimement corrélées à la teneur en eau du magma parent, à sa chimie et à sa température (Pupin, 1976 ; Carpena et al., 1987). Si la cristallisation des zircons dure pendant toute la période de cristallisation de la roche, la population de zircons de la roche peut être hétérogène du point de vue de la typologie et aussi de la composition chimique (teneur en actinides U, Th). Ainsi, lorsque la température de cristallisation est haute, au dessus de 900°C, les zircons qui cristallisent incorporent peu d'éléments en traces (U, Th), ils développent préférentiellement leur prisme 100. Au fur et à mesure que la température du magma diminue, les zircons vont incorporer de plus en plus d'éléments en traces et leur prisme 110 va se développer de plus en plus. Vers 750°C, les zircons auront les deux prismes 100 et 110 également développés. En fin de cristallisation, lorsque la température a baissé vers 600°C, les zircons cristallisant à ce stade, sont plus riches en U, Th et éléments en traces et ils n'ont plus que le prisme 110. A 500°C, les zircons n'ont plus de prisme et ne développent que leurs faces pyramidales. Ces zircons tardifs, de plus basse température, sont généralement très riches en actinides (U, Th). La Figure 17 montre quelques exemples de zircons avec l'un ou l'autre prisme dominant. Une classification typologique a été établie en fonction d'une échelle géothermométrique (Pupin, 1976), elle est représentée sur la Figure 18. Les zircons du Grand Paradis sont mentionnés : les zircons des orthogneiss de Teleccio (Grand Paradis) sont en gris, les zircons des paragneiss de Bottegotto (Grand Paradis) sont en pointillés. Cette figure montre qu'à l'intérieur d'une roche, plusieurs types de zircons peuvent être présents, avec des concentrations en uranium pouvant varier de quelques 85 ppm à 1100 ppm (cas des zircons de Teleccio) ou bien une typologie plus resserrée peut exister avec des concentrations en uranium de 300 ppm à 800ppm (cas des zircons des paragneiss du Grand Paradis) (Carpena, 1992). Dans cette évolution, les zircons de Teleccio peuvent présenter un prisme 100 dominant ou un prisme 110 dominant ou les deux. Par contre les zircons du paragneiss de Bottegotto forment une population plus homogène avec des concentrations d'uranium de 300 à 800 ppm d'uranium et le développement des deux prismes de façon équivalente. Une telle disparité dans la typologie des zircons n'est pas sans conséquence sur l'horloge Traces de Fission de ces minéraux (Carpena, 1992).

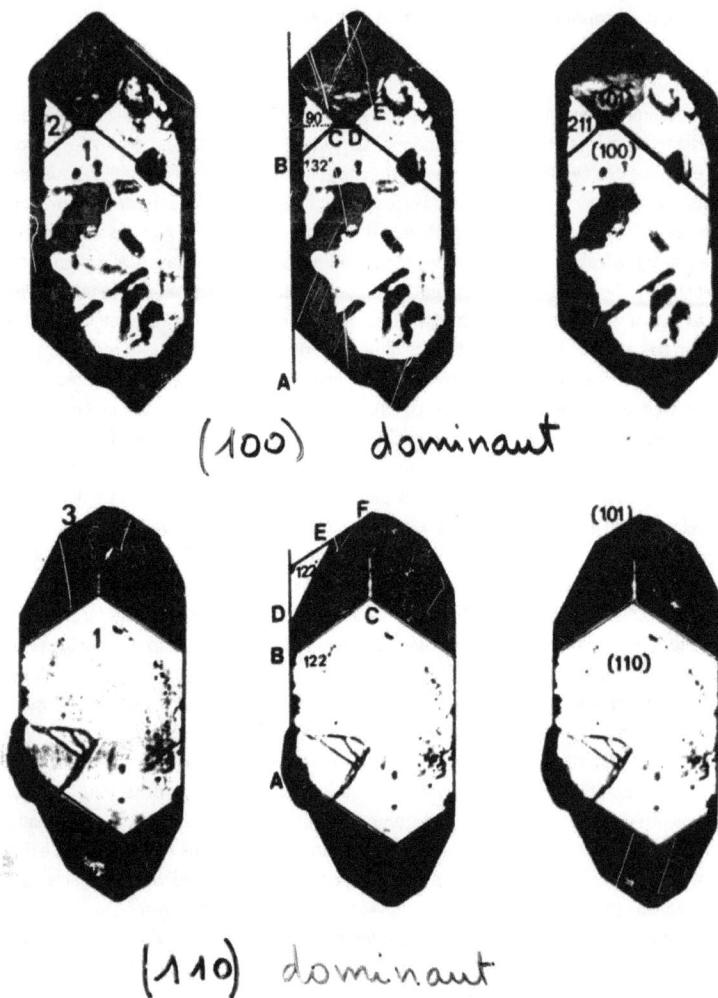

(100) dominant

(110) dominant

Figure 17 : Typologie des zircons : zircons avec le prisme 100 dominant, zircons avec le prisme 110 dominant.

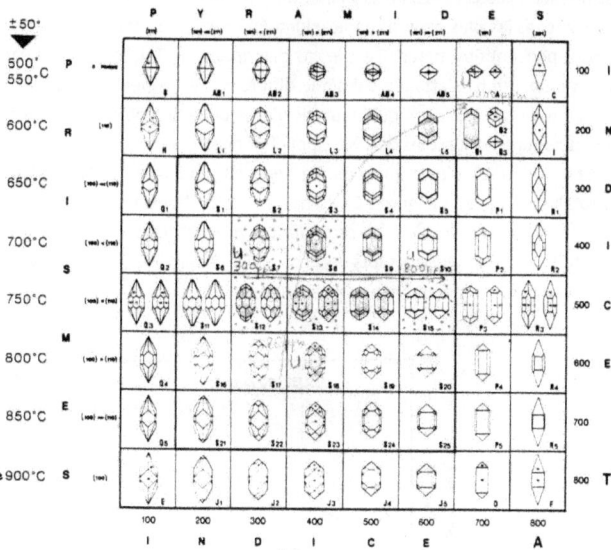

Figure 18 : Diagramme des typologies des zircons du Grand Paradis : en gris les zircons de l'orthogneiss de Teleccio avec une typologie étalée et des grains à concentration d'uranium très variable de 85 à 1100ppm ; en pointillés, les zircons des paragneiss de Bottegotto avec une typologie plus resserrée et des grains à concentration d'uranium plus homogène de 300 à 800 ppm.

2) Révélation des traces de fission par paliers d'attaque chimique

Pour rendre visibles les traces de fission contenues dans un minéral en microscopie optique, une attaque chimique des défauts est nécessaire. Il existe différents types d'attaque chimique pour les zircons, des attaques acides (Fleisher et al., 1964 ; Krisnaswami et al., 1973) ou des attaques basiques (Naeser, 1969 ; Gleadow et al., 1976). Nous avons travaillé avec un seul type d'attaque, le mélange eutectique basique KOH-NaOH à 210°C (Gleadow et al., 1976). La vitesse d'attaque chimique des traces est variable en fonction de la densité de traces de fission : plus la densité de traces de fission est forte et plus rapide sera l'attaque chimique, pour une température d'attaque fixée. Il est facile d'observer lors d'une calibration de l'attaque chimique d'une population de zircons que les grains riches en uranium sont correctement attaqués, avec leurs traces de fission bien visibles, bien plus tôt que les zircons plus pauvres en uranium qui nécessitent une durée d'attaque bien plus longue. Si l'expérimentateur décide de pousser l'attaque chimique jusqu'à ce que les grains pauvres soient bien attaqués, il perd alors la possibilité de dater les grains les plus riches, ceux-ci devenant alors sur-attaqués avec des défauts impossibles à compter au microscope. Donc, lorsqu'une population de zircons est hétérogène, deux solutions se présentent : travailler avec un temps d'attaque court, c'est-à-dire dater que les zircons riches en uranium, ou alors travailler avec un temps d'attaque long et alors dater les zircons les plus pauvres en uranium. En fonction du choix de l'expérimentateur, deux types de zircons peuvent être datés. C'est le cas des zircons de Teleccio (Grand Paradis) (Figure 19) qui nécessitent deux temps d'attaque chimique différents, 3H seulement pour les grains contenant plus de 1000 ppm d'uranium, alors qu'il faut 7H d'attaque, à la même température de 210°C, pour attaquer les grains contenant moins de 1000 ppm d'uranium. Par contre, la population des zircons de Bottegotto (Grand Paradis), plus homogène, ne nécessite qu'un seul temps d'attaque, de 7H, pour attaquer la totalité des grains (Figure 20) (Carpena, 1992). Nous avons donc proposé, quand une population de zircons est hétérogène, de procéder par palier d'attaques successives, ce qui nécessite de monter en teflon et polir plusieurs lots de zircons (Carpena, 1992), mais qui permet de dater tous les zircons, des plus pauvres en uranium aux plus riches.

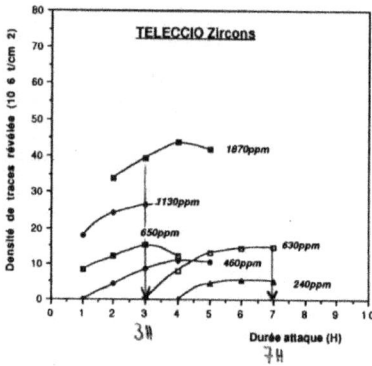

Figure 19 : Différents paliers d'attaque chimique des zircons de Teleccio : 3H et 7H

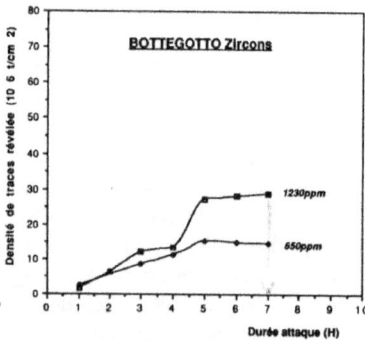

Figure 20 : Un seul palier d'attaque chimique de 7H pour les zircons du paragneiss de Bottegotto

28

3) Typologies et âges des zircons du Grand Paradis

Après avoir fait une attaque chimique par palier des zircons de Teleccio et de Bottegotto, le comptage des traces de fission a été effectué de la manière suivante : pour chaque cristal daté, la typologie du grain a été déterminée selon la méthode de Pupin, le prisme sur lequel les traces ont été comptées a été noté et enfin la teneur en uranium du grain a été déterminée à partir de la densité de traces de fission induites et de la dose d'irradiation (méthode des traces induites, Carpena et Mailhé, 1985).

Les zircons de Bottegotto qui forment une population très homogène avec toujours la présence des deux prismes 100 et 110 et une teneur en uranium entre 300 et 800 ppm d'uranium ont nécessité un seul palier d'attaque chimique de 7H et ont fonctionné comme un seul chronomètre puisque tous les âges des grains datés ont donné une moyenne de 26,99 +/- 2,5 Ma. Cet âge déjà publié dans Carpena, 1984 est concordant avec l'âge K/Ar obtenu sur biotites par Hurford et Hunzicker.

Les zircons de Teleccio ont eux une typologie caractéristique des zircons de granites migmatitiques avec des grains ayant cristallisé précocement, avec le prisme 100 dominant, des grains intermédiaires avec les deux prismes et des grains tardifs ne montrant que le prisme 110. De plus la concentration en uranium des différents grains varie de 85 ppm pour les plus précoces jusqu'à 1100 ppm pour les plus tardifs. Une corrélation très claire des âges avec la teneur en uranium est mise en évidence et des âges différents sont obtenus selon que les traces sont comptées sur le prisme 100 ou sur 110. Les grains contenant le moins d'uranium et ayant été attaqués pendant 7H, datés sur le prisme 100 dominant, fournissent un âge de 60+/- 7 Ma, concordant avec l'âge K/Ar des phengites obtenu par Hurford et Hunzicker. Les zircons ayant cristallisés tardivement, contenant des concentrations d'uranium plus fortes et datés sur leur prisme 110 dominant, fournissent eux un âge de 20,0 +/- 1,2 Ma, concordant avec l'âge Traces de Fission des apatites de la roche à 23 Ma (Carpena, 1984).

Dans une première interprétation (Carpena, 1984) la différence des âges Traces de Fission des zircons du Grand Paradis, âges plus vieux en fond de vallées et âges plus jeunes au sommet, avait été interprétée comme la conséquence d'un métamorphisme inverse provoqué par la mise en place de la nappe du Mont Emilius. L'étude des typologies des zircons montre qu'en fait la différence d'âges est plus vraisemblablement dûe à une différence de faciès des gneiss datés, plutôt des orthogneiss dans l'échantillonnage du fond des vallées, plutôt des paragneiss dans l'échantillonnage du Nord du massif. Ainsi, pour l'histoire thermique du massif du Gran Paradis, on pourrait proposer, à la lumière de ces nouveaux résultats, que l'âge des zircons à 80-60 Ma sont ceux d'un chronomètre zircon plus rétentif donnant l'âge du dernier refroidissement de ce socle sous 350-300°C et que l'âge des zircons plus jeunes à 30-40 Ma et même 20 Ma (en séparant les typologies) sont ceux d'un chronomètre zircon moins rétentif donnant l'âge du dernier refroidissement sous une température plus basse 200 et même 100°C pour ceux concordants avec l'âge des apatites.

En conclusion de cette étude, nous pouvons dire que le chronomètre zircon pour la méthode des Traces de Fission peut, suivant l'histoire de cristallisation de la roche dont il est extrait, être un multichronomètre, avec des grains cristallisés très tôt dans la chambre magmatique, pauvres en uranium et avec une température de fermeture haute (300-350°C), mais aussi avec des grains cristallisés plus tardivement, riches en uranium et avec une température de fermeture plus basse de 250-200°C et même de 100°C (comme l'apatite).

4)Typologies et âges des zircons du granite du Mont Blanc

Le massif du Mont Blanc est l'un des massifs cristallins externes des Alpes franco-italiennes. Le granite du Mont Blanc (« protogine ») est d'âge Westphalien et a été hautement affecté par l'orogenèse alpine dans le facies Schistes Verts. Un échantillon de ce granite a été échantillonné à 1397 mètres d'altitude, dans le Tunnel du Mont Blanc au kilomètre 5,3. Les zircons ont été séparés puis datés par Traces de Fission (Carpena, 1992).

Une particularité des zircons du granite du Mont Blanc est qu'ils présentent des typologies variées (Pupin, communication personnelle)(Figure 21). En effet, certains zircons de type J4-J5, correspondent à des cristallisations très précoces dans l'histoire magmatique du granite. Ces grains sont pauvres en uranium et présentent un seul prisme 100. Par contre des zircons ont cristallisés tout au long de l'histoire magmatique de ce granite et présentent des types variés jusqu'aux derniers grains cristallisant dans le type P1-P2, plus riches en uranium.

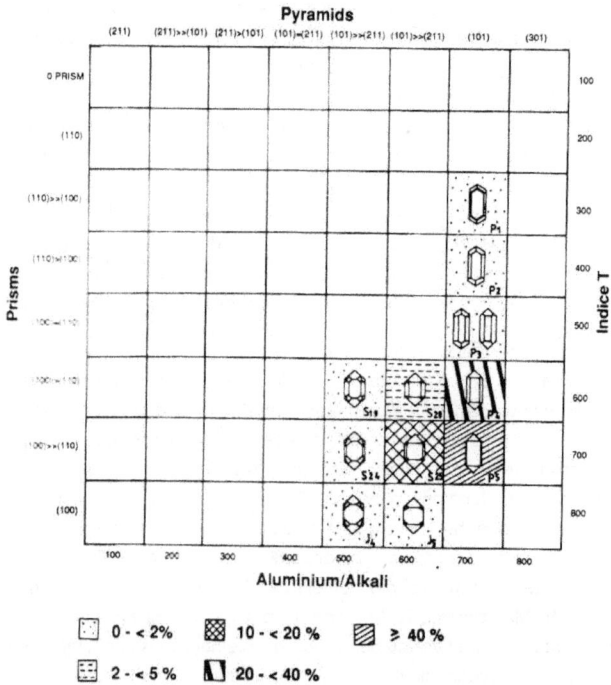

Figure 21 : Typologie des zircons du granite du Mont Blanc et fréquence de distribution (Pupin, communication personnelle).

Nous avons voulu estimer les températures de fermeture de ces zircons en séparant les grains de la façon suivante : nous avons considéré la population entière, la population des grains J4-J5 et la population de typologie autre que J4-J5. Nous avons effectué des expériences de recuit en laboratoire de façon à tracer les droites d'Arrhénius pour déterminer les températures de fermeture des 3 populations analysées (Carpena, 1992). Les droites d'Arrhénius obtenues sont représentées dans la Figure 22 qui montre que la température de fermeture des zircons (température à laquelle 50% des traces de fission sont recuites en 1 million d'années – définition de la température de fermeture des chronomètres Traces de Fission) est différente selon la population de zircons considérée. En effet, ces expériences montrent bien que la population des zircons J4-J5 (précoces, prisme 100, pauvres en uranium) a une température de fermeture de 350°C bien plus haute que celle de la population totale (330°C) et que celle de la population de zircons autres que J4-J5 (280°C). Voilà un exemple précis de datation sur zircons par Traces de Fission qui va donner, si on prend la peine de séparer les zircons de typologies différentes, différents âges de refroidissement, sous différents isothermes, permettant ainsi de retracer l'histoire thermique du granite de façon plus précise. Ainsi, pour ce granite, il est mis en évidence (Carpena, 1992) que le refroidissement du granite sous l'isotherme 350°C a eu lieu dès 33 Ma, que ce refroidissement a continué jusqu'à 280°C à 19 Ma, puis finalement sous l'isotherme 100°C à 11 Ma (âge des zircons contenant plus que 1000 ppm d'uranium, concordants avec les apatites). Dans ce granite, les zircons sont un multichronomètre qui peut donner des âges multiples, correspondant à différentes températures de fermeture.

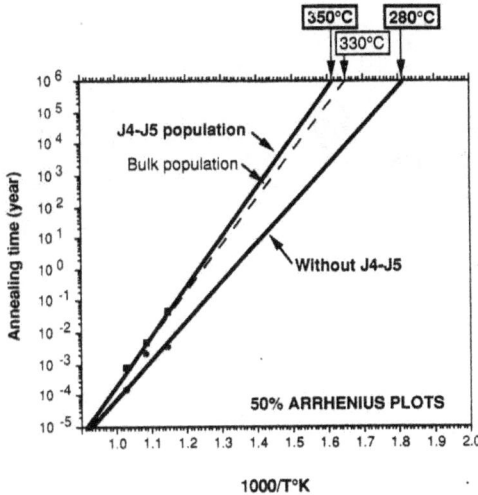

Figure 22 : Droites d'Arrhénius pour 50% de rétention des traces dans les zircons du granite du Mont Blanc. L'extrapolution de ces droites pour une durée de recuit de 1 Ma permet de déterminer les températures de fermeture de 3 populations : 350°C pour les zircons précoces de type J4-J5, 330°C pour la population totale des zircons et 280°C pour la population des zircons sans les J4-J5 (Carpena, 1992).

En conclusion, la datation des zircons par la méthode Traces de Fission est quelquefois délicate et les géochronologistes doivent être mis en garde. Déjà, en 1986, Seward et Rhoades avaient signalé l'obtention d'âges différents au sein d'une même roche, Kasuya et Naeser en 1988, avaient montré que les dommages provoqués par l'irradiation alpha (issue de l'uranium et du thorium) pouvaient abaisser la température de fermeture des zircons, puis, Hara en 1990 et Sandhu et al. en 1990 aussi, avaient démontré des taux d'attaque chimique différents dans les prismes 100 et 110. Il semble donc établi que le chronomètre zircon a une température de fermeture variable (Figure 23) en fonction de sa typologie et de sa teneur en éléments en traces (uranium et thorium). Si une roche, un granite par exemple, contient des zircons avec des typologies différentes et des concentrations en éléments en traces différentes qui augmentent tout au long de la l'histoire de cristallisation, depuis les températures les plus hautes et jusqu'aux températures les plus basses, plusieurs âges peuvent être obtenus sur cette même roche.

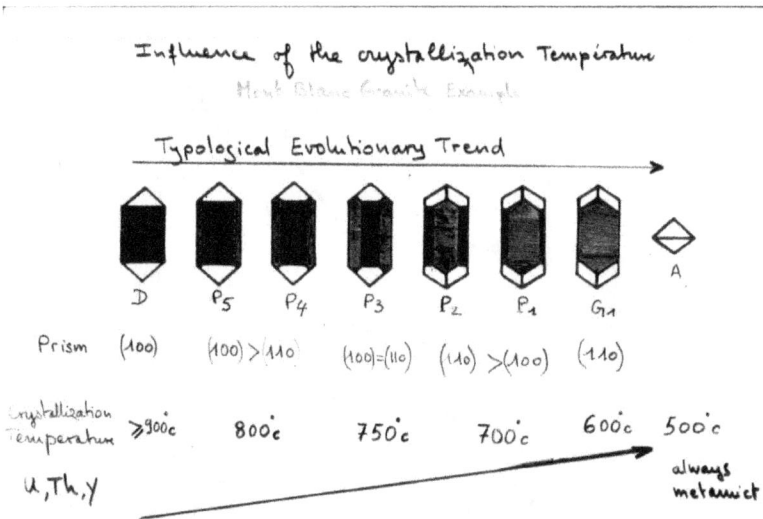

Figure 23 : Influence de la température de cristallisation sur la typologie des zircons et sur leur teneur en éléments en traces uranium, thorium et ytrium ; Cas des zircons du granite du Mont Blanc. Les derniers grains cristallisant, très riches en uranium et thorium seront métamictes, leur réseau cristallin étant détruit par la radioactivité alpha.

Lorsqu'une roche contient des zircons avec une typologie homogène, les âges des grains sont généralement concordants. Selon le type de roche, les zircons peuvent avoir une typologie qui correspondra à une température de fermeture assez haute 380-350°C, comme par exemple les zircons des trondjhémites des ophiolites (granites alcalins). Nous avons bien vu que les zircons de ces roches ont pu donner des âges vieux (212, 190 Ma dans le Queyras, 135 Ma au Viso, 93-90 Ma à Lanzo et Rocciavre) nous incitant à conclure maintenant qu'avec une température de fermeture haute (380°C), ces zircons ont pu ne pas être affectés par la phase de haute pression éoalpine dans le Queyras ou par la phase Schiste Vert éocène dans les zones plus internes. Il faut aussi signaler les zircons des granulites, comme celles d'Ivrée, zircons ayant cristallisé à très haute température avec très peu d'uranium et qui ont une température de fermeture très haute, expliquant leur âge vieux (120 Ma). En fait, les difficultés qu'avaient rencontrées les premiers utilisateurs des zircons pour les dater par Traces de Fission, certains plaçant leur température de fermeture très haut (380°C), d'autres très bas (250°C), reflétaient cette variabilité du chronomètre. Il faut donc intégrer le fait que les zircons sont un chronomètre variable et le géologue doit en être conscient, lors de l'échantillonnage des roches (une roche basique, une granulite, un granite ne contiennent pas les mêmes zircons), et le géochronologiste aussi, lors de l'attaque chimique des traces.

5) Cas des zircons métamictes

Le terme métamicte provient du grec meta (après) et miktos (mixte). La métamictisation est le passage d'une structure cristalline bien organisée à une structure désorganisée. Les minéraux susceptibles de devenir métamictes sont tous ceux contenant de fortes concentrations en éléments radioactifs émetteurs de radioactivité alpha. Les zircons contenant de fortes concentrations en uranium sont souvent métamictes. Dans ce cas leurs propriétés physico-chimiques sont modifiées : les paramètres cristallographiques ont augmenté, leur densité a diminué et la solubilité des grains a fortement augmenté. Dans ce cas, la vitesse d'attaque chimique des traces de fission devient très grande et il devient très difficile voire impossible de révéler les traces de fission. Les grains deviennent de plus en plus sombres, ils s'opacifient et apparaissent en microscopie, complètement rongés. L'attaque chimique détruit alors la surface du minéral avant même que les traces de fission aient eu le temps d'être révélées. Dans ce cas extrême, la datation par Traces de Fission est impossible. L'analyse chimique de tels zircons a pu être contrôlée par analyse X couplée à un microscope électronique à balayage (MEB) (Figure 24). L'incorporation de l'uranium et du thorium dans les zircons n'est pas homogène, certaines zones (gris clair sur la photo de la figure 24) contiennent peu d'uranium et restent saines, d'autres (en gris sombre) sont plus riches en uranium et sont métamictisées.

Pour le géochronologiste qui veut dater des zircons par Traces de Fission, il faut considérer le fait que la métamictisation est un phénomène naturel qui va modifier le chronomètre. Comme nous l'avons montré précédemment, plus les zircons sont riches en uranium et plus basse sera leur température de fermeture. Des zircons partiellement métamictes peuvent donner des âges plus faibles car leur température de fermeture est plus basse. Dans le cas d'une roche contenant des zircons avec une concentration en uranium très variable, le géochronologiste doit être vigilant, il doit adopter la technique d'attaque des traces de fission par paliers, de façon à dater à la fois les grains pauvres en uranium et ceux plus riches. Une discordance d'âge est alors possible, leur température de fermeture étant différentes.

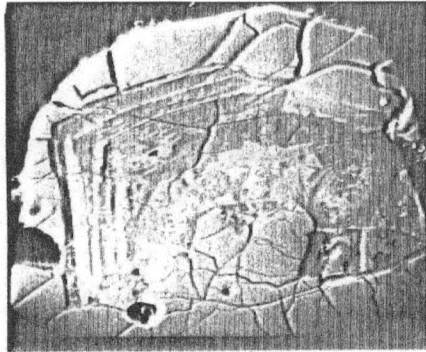

Figure 24 : Observation d'un zircon partiellement métamicte en microscopie électronique à balayage (MEB) Grossissement x1000.

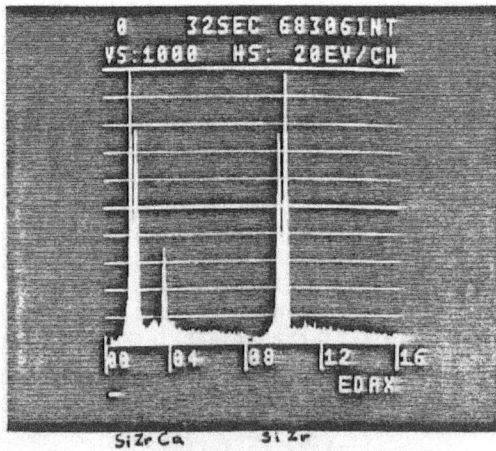

Figure 25 : Analyse EDX des zones saines qui contiennent Si et Zr et des zones métamictes qui en plus du Si et du Zr contiennent du Ca.

Conclusion générale

En conclusion, nous pouvons dire que les zircons datés dans cette étude sont d'une grande variété et l'interprétation de leurs âges Traces de Fission a pu fournir de nombreux renseignements, sur l'orogenèse des Alpes franco-italiennes, mais aussi sur le chronomètre lui-même.

En effet, nous pouvons observer que la datation des zircons des roches ophiolitiques ou de granulites nous a toujours fourni des âges anciens interprétés selon les zones, comme l'âge de la croûte de l'océan alpin (190-200 Ma), l'âge du refroidissement du métamorphisme éclogitique (135 Ma) et de son refroidissement pouvant durer, selon les unités jusqu'à 120, 95 ou 90 Ma. Ces zircons sont des zircons généralement pauvres en uranium (roches basiques, ou granulites), ayant cristallisé à haute température. Nous pouvons considérer pour ces zircons que leur température de fermeture est assez haute, vers 380, 350 ou 300°C, expliquant que ces chronomètres n'ont pas été affectés par des phases tectono-métamorphiques postérieures.

La datation des zircons des granites a fourni des âges variés depuis des âges à 90-80 Ma et jusqu'à des âges aussi jeunes que 20 Ma. Nous avons montré que dans les granites, si l'épisode de cristallisation a duré dans le temps et a cristallisé des grains avec une typologie hétérogène, les zircons les plus précoces, plus pauvres en uranium, fournissent des âges du Crétacé supérieur (90 à 75 Ma), interprétés comme datant le refroidissement du métamorphisme de Haute Pression. Par contre, les zircons ayant cristallisés plus tardivement, plus riches en uranium, peuvent donner des âges oligo-miocène de 35 à 20 Ma, interprétés comme datant le refroidissement du métamorphisme Schiste Vert, accompagné d'une phase de soulèvement de la chaine.

Toutes ces datations, contraintes par une étude sérieuse des minéraux métamorphiques, et par l'étude typologique des zircons datés, permettent d'ajuster l'histoire thermique des Alpes franco-italiennes et en même temps de mieux cerner le chronomètre zircon pour la datation par Traces de Fission. Nous retiendrons que l'échantillonnage est très important car le type de roche prélevée aura une incidence sur le chronomètre des zircons qu'elle contient. En laboratoire, le géochronologiste voulant dater ces zircons, devra être vigilant et pratiquer une attaque chimique des traces de fission par paliers pour être certain de dater correctement tous les zircons, les plus précoces (pauvres en uranium) et les plus tardifs (plus riches en uranium).

Bibliographie de l'auteur sur laquelle s'appuie cet ouvrage :

Carpena J., Ages plateau par la méthode des traces de fission dans la Montagne Noire (Massif Central) : leur place dans l'histoire géologique du Languedoc, Thèse 3ème cycle, Université des Sciences et Technique de Montpellier, 1980.

Carpena J., 1984, Contribution de la méthode des traces de fission à l'étude des Alpes franco-italiennes : relation tectonique-métamorphisme, Thèse d'Etat, Université Paris XI (Orsay), 1984.

Carpena J., Eocene inverted metamorphism in the Gran Paradiso basement by means of fission track ages, 1985, Contrib.Miner.Petrol. 90, 74-82.

Carpena J., Fission Track dating of zircon: zircons from Mont Blanc granite (French Italian Alps), 1992, Journal of Geology, vol.100, 411-421.

Carpena J., Fission Track ages in granitic zircons, 1993, Nuclear Tracks and Radiation Measurements, vol.21, n°4, 598.

Carpena J. et Caby R., Mise en évidence par la méthode des traces de fission de l'âge éocène de zones ultramylonitiques dans le socle du Grand Paradis (Alpes Occidentales), 1983, C.R.Acad.Sci. 297 II, 289-292.

Carpena J. et Caby R.- Fission Track evidence for Late Triassic oceanic crust in the French Occidental Alps, 1983, Geology 12, 1984, 108-111.

Carpena J. et Mailhé D., Plis en fourreau hectométriques au cœur de l'orthogneiss du Grand Paradis (Alpes Occidentales italiennes), 1984, C.R.Acad.Sci. 298 II, 415-418.

Carpena J. et Mailhé D., La méthode des traces de fission : son intérêt en géologie. « Méthodes de datation par les phénomènes nucléaires naturels », Editeurs E.Roth et B.Poty, Masson, Paris, 1985, 205-249.

Carpena J., Doubinger J., Guérin R., Juteau J., Monnier M., Le volcanisme acide de l'Ouest Morvan dans son cadre géologique : caractérisation géochimique, structurale et chronologique de mise en place, 1984, Bull.Soc.Geol.Fr. 7, 26, 839-859.

Carpena J., Pognante U., Lombardo B., New constraints for the timing of the Alpine metamorphism in the internal ophiolitic nappes from the western Alps as inferred from fission track data, 1986, Tectonophysics 127, 117-127.

Carpena J., Gagnol I., Mailhé D., Pupin J.P., L'uranium marqueur de la croissance cristalline : mise en évidence par les traces de fission dans les zircons gemmes d'Espaly (Haute Loire, France), 1987, Bull.Mineral. 110, 453-463.

Bibliographie

Aubouin J., Debelmas J., Latreille M., 1980, Les chaines alpines issues de la Téthys : introduction générale, Colloque C5, 26ème C.G.I.Paris.

Auzende J.M., Polino R., Lagabrielle Y., Olivet J.L., 1983, Considerations sur l'origine et la mise en place des ophiolites des Alpes occidentales : apport de la connaissance des structures océaniques, C.R.Acad.Sci.Paris, 296 II, 1527-1532.

Bertrand J.M., 1968, Etude structurale du versant occidental du massif du Grand Paradis, Geologie Alpine, 44, 55-87.

Bigazzi G., Bonadonna F.P., Ferrara G., Innocenti F., 1973, Fission track ages of zircons and apatites from northern Apennine ophiolites, Fortschritte der Mineralogie, v.50, 51-53.

Bocquet J., 1974, Etudes minéralogiques et pétrologiques sur les métamorphismes d'âge alpin dans les Alpes françaises, Thèse, Grenoble, 489p.

Bocquet J., Delaloye M., Hunzicker J.C., Krumenacher D., 1974, K/Ar and Rb/Sr dating of Blue amphiboles, micas and associated minerals from the western Alps, Contrib.Miner.Petrol., 47, 7-26.

Brothers R.N., Yokohama K., 1982, Comparison of the High Pressure Schists Belts of New Caledonia and Sambagawa, Japan, Contrib.Miner.Petrol., 79, 219-229.

Buchs A., Chessex R., Krumenacher D., Vuagnat M., 1962, Ages Plomb total déterminés par fluorescence X sur les zircons de quelques roches des Alpes, Bull.Suisse Miner.Petrol. 42, 295-305.

Caby R. et Bonhomme M.G., 1982, Whole rock and fine fraction K/Ar isotopic study of radiolarites affected by the Alpine metamorphism; evidence and consequences of excess Ar40, in Geochronology and Cosmochronology-Isotope Geology Internal Conference 5th, Abstract, Geochimical Society of Japan.

Caby R., Kienast J.R., Saliot P., 1978, Structure, métamorphisme et modèle d'évolution des Alpes occidentales, Rev.Géogr.Phys.Geol.Dyn. XX, 307-322.

Chessex R., Delaloye M., Krumenacher D., Vuagnat M., 1964, Nouvelles déterminations d'âges Plomb total sur des zircons alpins, Schweiz.Miner.Petrog.Mitt. 44, 43-60.

Chopin C., 1979, De la Vanoise au massif du Grand Paradis : une approche pétrographique et radiochronologique de la signification géodynamique du métamorphisme de Haute Pression, Thèse 3ème cycle, Université Paris VI, 145p.

Chopin C., 1981, Talc-phengite: a widespread assemblage in High Grade politic blueschists of the Western Alps, J.Petrol. 22, Part.4, 628-650.

Chopin C., 1984, Pelitic blueschists, a new aspect of metamorphic petrology, Terra Cognita, 4/1, 35-37.

Chopin C. et Maluski H., 1978, Résultats préliminaires obtenus par la méthode de datation Ar39-Ar40 sur des minéraux alpins du massif du Grand Paradis et de son enveloppe, Bull.Soc.Geol.Fr. 7 XX, 745-749.

Chopin C., Maluski H., 1980, Ar39-Ar40 dating of High Pressure metamorphic micas from the Gran Paradiso area (Western Alps): evidence against the blocking temperature concept, Contrib.Miner.Petrol. 74, 109-122.

Coleman R.G., 1971, Plate tectonic emplacement of upper mantle peridotites along continental edges, J.Geophys.Res. 76, 1212-1222.

Compagnoni R. et Lombardo B., 1974, The alpine age of the Gran Paradiso eclogite, Soc.Ital.Miner.Petrol., 223-237.

Deway J.F., 1976, Ophiolite obduction, Tectonophysics, 31, 93-120.

De Wever P. et Caby R., 1981, Datation de la base des Schistes Lustrés postophiolitiques par des radiolaires (Oxfordien Supérieur-Kimmeridgien Moyen) dans les Alpes Cottiennes (Saint Véran, France), C.R.Acad.Sci.Paris, 292 II, 467-472.

Ernst W.G., 1971, Metamorphic zonations on presumably subducted lithospheric plates from Japan, California and the Alps, Contrib.Miner.Petrol. 34, 43-59.

Fleisher R.L., Price P.B. and Walker R.M., 1964, Fission Track ages of zircons, J.Geophys.Res. 69, 4885-4888.

Gleadow A.J.W., Hurford A.J. and Quaife R.D., 1976, Fission Track dating of zircons: improved etching techniques, E.P.S.L.33, 273-276.

Guiraud M., 1982, Géothermobarométrie du faciès Schiste Vert à glaucophane. Modélisation and applications (Afghanistan, Pakistan, Corse et Bohème), Thèse 3ème cycle, Université des Sciences et Techniques du Languedoc, Montpellier.

Hara Y., 1990, Differences of track etching rates in a 100 face and m 110 face of zircon crystals, 6th Int.FTD Workshop in Nuclear Tracks, Abstract, V.17, n°3, 416.

Hunzicker J.C., 1969, Rb/Sr alterbesimmungen aus den Walliser Alpen, Hellglimmer und gesamtgesteinsalterswerte, Eclog.Geol.Helv. 62, 527-542.

Hunzicker J.C., 1974, Rb/Sr and K/Ar age determination and the alpine tectonic history of the Western Alps, Mem.Ist.Geol.Mineral., Univ.Padova, 31, 55P.

Kasuya M. and Naeser C.W., 1988, The effect of alpha damage on the fission track annealing in zircon, 6th Int. Conf.FTD, Besançon, France, p.B1-5.

Kienast J.R., 1973, Sur l'existence de deux séries différentes au sein de l'ensemble Schistes Lustrés-Ophiolites du Val d'Aoste, quelques arguments fondés sur l'étude des roches métamorphiques, C.R.Acad.Sci.Paris 276D, 2621-2624.

Krishnaswami S., Lal D., Prabbhu N., Mac Dougall D., 1974, Characteristics of fission tracks in zircon: Applications to geochronology and cosmology, E.P.S.L. vol.22, 51-59.

Lagabrielle Y., 1981, Les Schistes Lustrés à ophiolites du Queyras (Alpes franco-italiennes) : données nouvelles et précisions lithostratigraphiques, C.R.Acad.Sci.Paris 292 II, 1405-1408.

Lardeaux M., 1981, Evolution tectono-métamorphique de la zone Nord du massif de Sezia Lanzo (Alpes occidentales) : un exemple d'éclogitisation de croûte continentale, Thèse 3ème cycle, Université Paris VI, 226p.

Lattard D., 1974, Les roches du faciès Schiste Vert dans la zone de Sesia Lanzo (Alpes italiennes), Thèse 3ème cycle, Université Paris VI, 76p.

Lemoine M., 1980, Serpentinites, gabbros and ophicalcites in the Piemont-Ligurian domain of the Western Alps, possible indicators of oceanic fracture zones and associated serpentinite protusions in the Jurassic Cretaceous Tethys, Archives des Sciences, Genève, V.33, 103-115.

Lombardo B., Nervo R., Compagnoni R., Messiga B., Kienast J.R., Mevel C., Fiora L., Piccardo G.B., Lanza R., 1978, Osservazioni preliminary sulle ofioliti metamorfiche del Monviso (Alpi occidentali), Societa Italiana Mineralogia e Petrologia 34, 2, 253-305.

Mattauer M. et Proust F., 1976, La Corse alpine : un modèle de genèse du métamorphisme de Haute Pression par subduction de croûte continentale sous du matériel océanique, C.R.Acad.Sci.Paris, 282D, 1249-1252.

Mattauer M. et Tapponier P., 1978, Tectonique des plaques et tectonique intracontinentale dans les Alpes franco-italiennes, C.R.Acad.Sci.Paris, 287, 899-902.

Monié P., 1984, Etude par la méthode Ar39-Ar40 de la redistribution de l'Argon dans les minéraux des socles anciens repris par l'orogenèse alpine. Application à la géochronologie des massifs de l'Argentera Mercantour, du Mont Rose et de la Grande Kabylie, Thèse 3ème cycle Université des Sciences et Techniques du Languedoc, Montpellier, 206p.

Naeser C.W., 1969, Etching fission tracks in zircons, Science, 165, 388.

Nicolas A., 1966, Le complexe ophiolites-schistes lustrés entre Dora Maira et Grand Paradis (Alpes piémontaises), Thèse, Nantes, 299p.

Nicolas A. et Boudier F., 1977, Orogenic basic ultramafic associations, C.N.R.S. symposium, 54p.

Oberhansli R., Hunzicker J.C. et Martinotti G., 1983, The Mucrone eclogites: indicators of crustal thickening, Terra Cognita 3, 2-3, 188.

Odin G.S., 1982, Numerical Dating in stratigraphy, New York, John Wiley.

Ohnenstetter M., 1982, Importance de la nature et du rôle des discontinuités au sein des ophiolites lors du développement d'une orogenèse, Thèse d'Etat, Université de Nancy I, 590p.

Pangaud G., Lameyre J., Michel R., 1957, Age absolu des migmatites du massif du Grand Paradis, C.R.Acad.Sci.Paris, 245, 331-333.

Pognante U., 1980, Preliminary data on the Piemonte ophiolite Nappe in the Lower Val Suza-Val Chisone area, Italian Western Alps, Ofioliti 5, 2/3, 221-240.

Pupin J.P., 1976, Signification des caractères morphologiques du zircon commun des roches en pétrologie. Base de la méthode typologique. Applications, Thèse d'Etat, Université de Nice, France, 394p.

Pupin J.P., 1980, Zircon and granite petrology, Contrib.Mineral.Petrol. 73, 207-220.

Pupin J.P., 1981, A props des granites potassiques, C.R.Acad.Sci.Paris 292 II, 405-408.

Pupin J.P., 1985, Magmatic zoning of hercynian granitoïds in France based on zircon typology, Schweiz.Mineral.Petrog.Mitt. 65, 29-56.

Pupin J.P., 1988, Granites as indicators in paleogeodynamics, Rend.Soc.Ital.Mineral.Petrol. 43-2, 237-262.

Pupin J.P., 1992, Les zircons des granites océaniques et continentaux : couplage typologie-géochimie des éléments en traces, Bull.Soc.Geol. France, t.163, n°4, 495-507.

Pupin J.P. et Turco G., 1972, Une typologie originale du zircon accessoire, Bull.Soc.Fr.Miner.Cristallog. 95, 348-359.

Saliot P., 1978, Le métamorphisme dans les Alpes françaises, Thèse d'Etat Paris, 183p.

Sandhu A.S., Surinder S. et Virk H.S., 1990, Etching and annealing studies of fission tracks in zircons, 6th Int.Conf.FTD, Besançon, France.

Seward D. et Rhoades D.A., 1986, A clustering technique for fission track dating of fully to partially annealed minerals and other non-unique populations, Nuclear Tracks and Rad.Measurements, v.11, 259-268.

Tapponier P., 1978, Intracontinental tectonics in Alpine Europe and Asia, PhD Thesis, Université des Sciences et Techniques de Montpellier.

Tapponier P., Mattauer M., Proust F., Cassaigneau C., 1981, Mesozoic ophiolites suture and large scale tectonic movements in Afghanistan, E.P.S.L. 52, 355-371.

Tricart P., Bourbon M., Lagabrielle Y., 1982, Révision de la coupe Peouvou-Roche Noire (zone piémontaise, Alpes franco-italiennes) : bréchification synsédimentaire d'un fond océanique ultrabasique, Geologie Alpine, v.58, 105-113.

Vialette Y. et Vialon P., 1964, Etude géochronologique de quelques micas des formations du massif de Dora Maira, Alpes cottiennes piémontaises, Ann.Fac.Sci.Univ.Clermont Ferrand 25, 91-99.

Zingg A. et Hunzicker J.C., 1983, Age determinations and geothermometry in the Ivrea and Strona Ceneri zones. A discussion of the behavior of the various systems, Terra Cognita 3, 206.

Coupe Lac de Ceresole - Col della Bochetta.

Jusqu'à La Balma, l'orthogneiss oeillé prédomine, sa foliation est légèrement pentée vers le Sud (20 à 25°), sa linéation est N100-110.

Au dessus des fermes de La Balma, on peut observer un filon d'aplite faire le tour d'une forme en oeil, avec l'orthogneiss au centre de la structure. Celle-ci semble être un pli en fourreau; elle est caractérisée par une déformation intense, marquée par une foliation régionale N100, 20-25°S et une foliation propre, matérialisée par le filon d'aplite, qui fait le tour de la structure.

Au niveau de Gran Ciavana, les paragneiss apparaissent avec des niveaux parfois très riches en grenats. Ils sont intercalés dans les orthogneiss. Dans la montée à Fumanova, la foliation de ces paragneiss passe quelquefois à la verticale; un énorme bloc, apparaissant tout d'abord comme étant effondré, mais finalement bien en place (foliation N85-90; linéation N85-90) montre bien cette foliation verticale: 90°S. Cette foliation est microplissée (axe des plis = linéation N85-90), elle redevient ensuite parallèle à la foliation régionale (N90; 25°N puis 20°S). Le secteur est très riche en fractures minéralisées en hématite, orientées N120-110, avec un pendage de 80-85°SW.

Sur le replat avant les fermes de Fumanova, un niveau sédimentaire a livré une paragenèse à glaucophane, chloritoïde, phengite et talc.

Au dessus des fermes de Fumanova, au lieu dit Punta Pusset, on peut observer des "boudins" non déformés au coeur et moulés dans la foliation; des bandes de cisaillement accentuent la forme en amande de ces niveaux très peu déformés. Un affleurement de quelques mètres montre deux magnifiques plis à axes parallèles à la linéation N100, l'un déversé au Sud, l'autre au Nord. Au même endroit, la linéation passe de N100 à N180 en quelques mètres. Au dessus de ce niveau, les orthogneiss montrent une foliation de mieux en mieux marquée, avec par endroit des bandes mylonitiques. Un peu avant d'atteindre le col della Crocetta, on peut observer le contact mylonitique de l'orthogneiss minuti sur l'orthogneiss oeillé. Ce faciès affleure jusqu'au col en barres très massives.

41

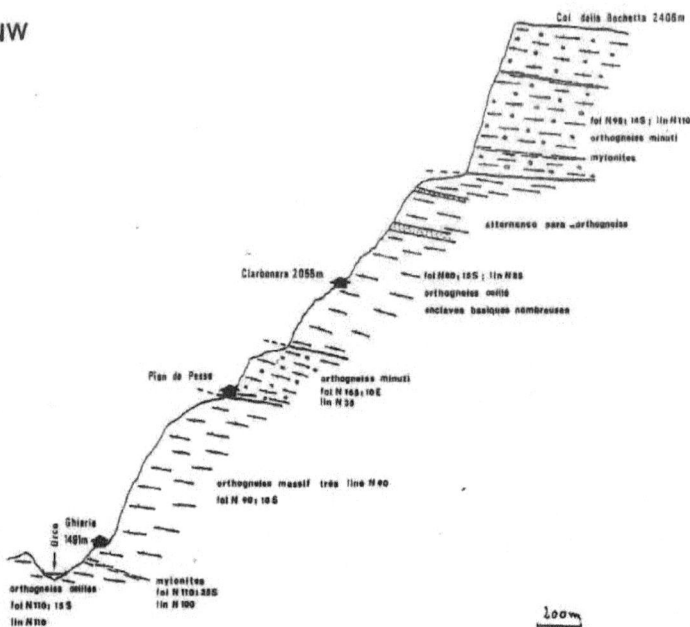

N.NW   S.SE

Col della Bochetta 2406m

fol N98; 14S ; lin N110
orthogneiss minuti
mylonites

alternance para orthogneiss

Ciarbonara 2055m — fol N80; 10S ; lin N85
orthogneiss oeillé
enclaves basiques nombreuses

Pian de Pesse — orthogneiss minuti
fol N 160; 10 E
lin N 38

orthogneiss massif très liné N eo
fol N 90; 10 S

Ghiaria
1481m — Orco
orthogneiss oeillé   mylonites
fol N110; 15 S   fol N 110; 35S
lin N 110   lin N 100

100m

Coupe menant au col de la Bochetta.

La coupe commence sur les bords de l'Orco, dans la vallée de Ceresole Reale. La
l'orthogneiss oeillé affleure largement, sa foliation est faiblement pentée vers
le Sud (15°). De nombreuses zones mylonitiques sont observables, elles peuvent
être sécantes ou non sur la foliation. Après les fermes de Ghiaria, la montée
se fait dans l'orthogneiss oeillé très massif et très liné (N90). Avant la
traversée du torrent, le panorama vers le Nord montre les plis en fourreau
hectométriques que nous avons décrits (Carosena et Malina, 1984) sous le contact
entre orthogneiss minuti et orthogneiss oeillé.
Aux fermes de Pian Pesse, le faciès des orthogneiss change; c'est l'orthogneiss
minuti, recoupé très souvent par des filons d'aplite. Le litage magmatique
apparait sur de très beaux affleurements, non loin des fermes. La portion du
chemin entre Pian de Pesse et Ciarbonara est orientée E-W (perpendiculairement
au début de la coupe). Avant les fermes de Ciarbonara, on rencontre à nouveau
l'orthogneiss oeillé, bien liné (N85-90), contenant de magmatiques enclaves
basiques, allongées dans la linéation.
Dans le secteur des Lacs de Lillet, on peut observer une alternance entre
l'orthogneiss oeillé (boudins) et de minces bandes de paragneiss, très déformées
et moulant les boudins d'orthogneiss.
C'est au début de la montée au col de la Bochetta que l'on retrouve
l'orthogneiss minuti, celui-ci affleurant jusqu'au col. Cette "dalle
d'orthogneiss minuti" est par endroits très mylonitique: de belles mylonites
affleurent au col.

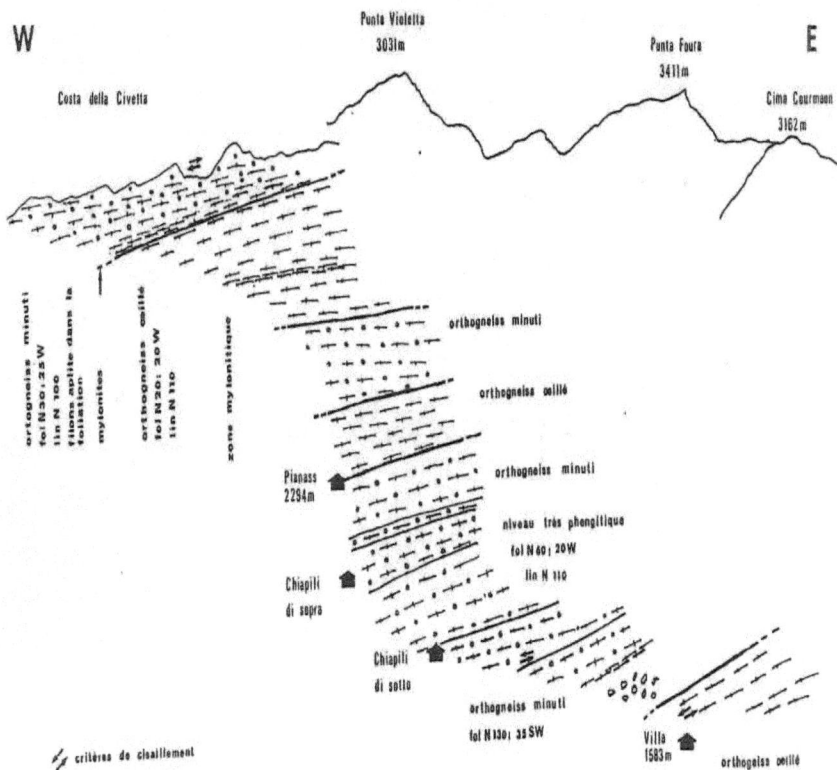

Coupe Lac Agnel - Villa.

Cette coupe se résume à une alternance de faciès orthogneiss minuti intercalé dans l'orthogneiss oeillé. Tout le secteur de la Costa della Civetta montre l'orthogneiss minuti, avec de nombreux filons d'aplite, marqueurs de la déformation , et un litage magmatique quelquefois bien préservé. Après une zone mylonitique montrant des critères de cisaillement vers l'Est, on passe à l'orthogneiss oeillé, mylonitique lui aussi par endroit et bien liné (N110). Après une lame d'orthogneiss minuti puis une autre lame d'orthogneiss oeillé, le faciès minuti domine jusqu'aux maisons de Villa, en bordure du Lac de Ceresole. Ce faciès est par endroit très phengitique, il montre en dessous de Chiapili di Sotto des critères de cisaillement vers l'Ouest; sa linéation est N110-N130. Aux maisons de Villa, après une clappe où les affleurements sont cachés, on retrouve à nouveau le faciès oeillé, constituant tout le secteur autour du Lac de Ceresole. A Villa, un bel affleurement livre un sens de cisaillement vers l'Ouest (plans c') (voir photo article 6).

150m

43

SW

NE

LEVANNES
3619m

GRAND PARADIS
4061m

Schistes Lustrés

Orthogneiss minuti

Orthogneiss oeillé

Paragneiss

2 Km

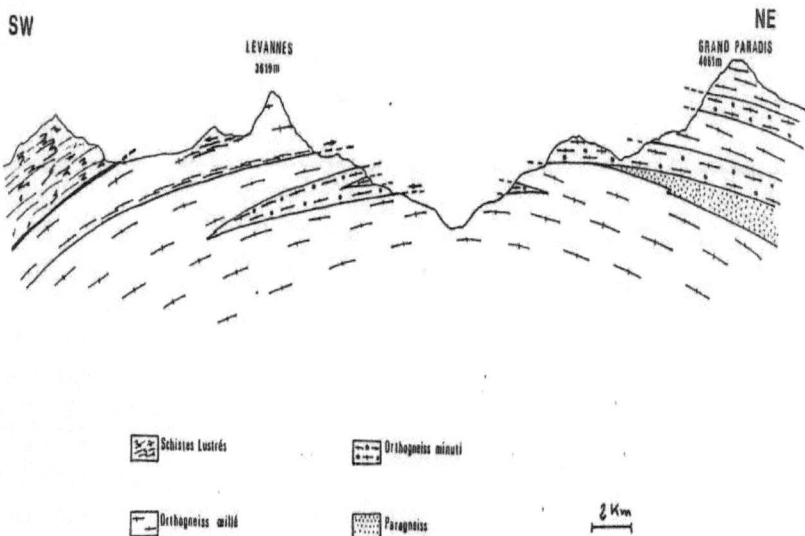

Coupe générale synthétique Lévannes -Grand Paradis.

Cette coupe montre que le socle du massif du Grand Paradis est constitué d'une
succession de lames d'orthogneiss oeillé, d'orthogneiss minuti ou de paragneiss.
Le contact entre chacune d'elles peut être mylonitique ou non, les critères de
cisaillement dans ces contacts peuvent être soit vers l'Ouest soit vers l'Est.
La déformation dans ce socle est très hétérogène: elle peut être intense avec
une linéation et une foliation très fortement exprimées et passer en quelques
mètres à des faciès beaucoup moins déformés, parfois même équants. On
rencontre ainsi des "boudins" de roches ou "cigares", allongés dans la linéation
N100, très peu déformés, moulés dans la foliation. Les zones de cisaillement
sont parfois nombreuses avec mylonites et ultramylonites, indiquant des sens de
cisaillement vers l'Est ou vers l'Ouest. Le massif des Lévannes semble
représenter une écaille gneissique "rétrocharriée" vers l'Est, comprenant à sa
base une zone mylonitique (datée de l'Eocène).

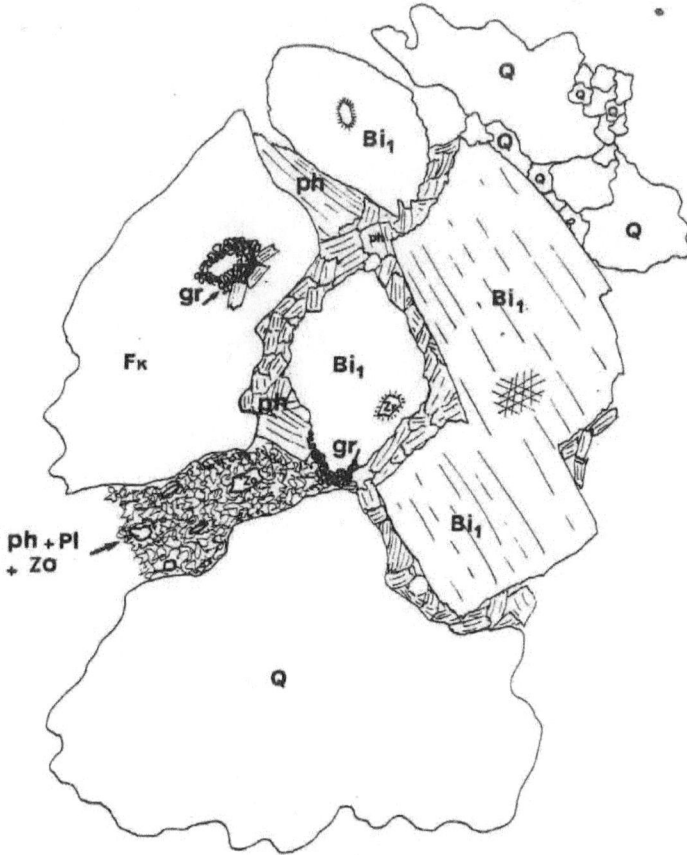

SCALARI granite   71 Ma

Granite de SCALARI:

Echantillon de granite non déformé, équant, sans linéation.
Trés grandes biotites magmatiques (Bi1) avec belles aiguilles de rutile et
zircons à auréole pléochroique; elles se déstabilisent pour donner, en climat
statique, des phengites, du grenat en couronnes discontinues au contact des
plagioclases. Ce plagioclase est transformé en phengites, zoisite et albite

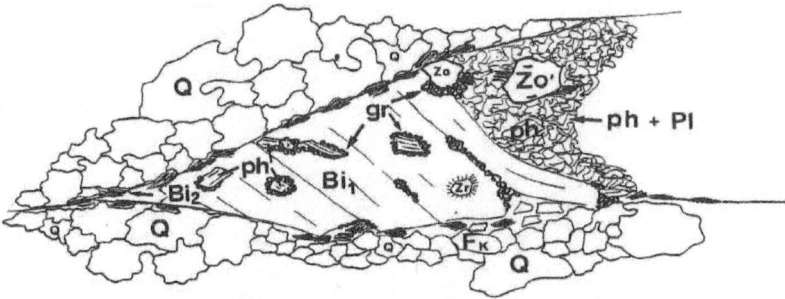

BORGO orthogneiss   **Lin N 110**   **80 Ma**

Orthogneiss de BORGO:

Echantillon d'orthogneiss oeillé, très légèrement déformé, sa linéation est N110. Les biotites magmatiques (Bi1), encore bien conservées, sont en train de se transformer en phengites et grenats. Les plagioclases sont déstabilisés et des cristaux de zoisite et de phengite les remplacent petit à petit. Toutes ces réactions semblent s'effectuer en climat statique. Quelques petites biotites vertes (Bi2) ont cristallisé tout autour des biotites primaires (Bi1).

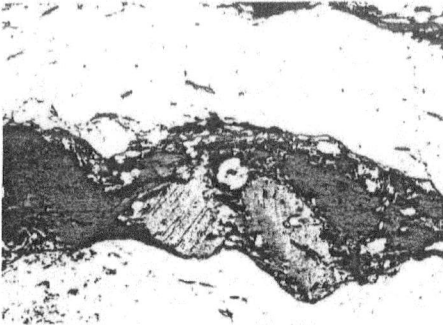

Des biotites magmatiques encore préservées dans l'orthogneiss de Borgo.

47

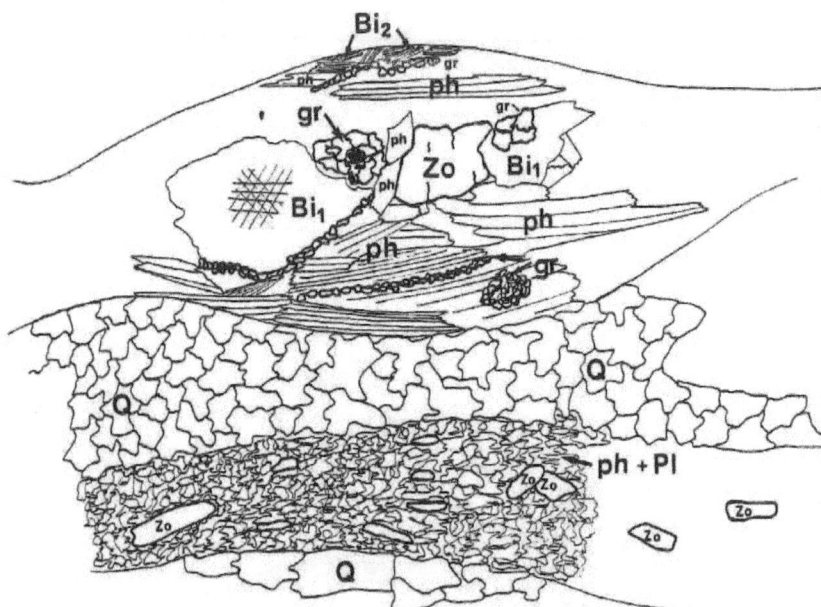

Orthogneiss du col des PARIOTTES:

Cet orthogneiss oeillé, très fortement liné N100, contient encore des
biotites magmatiques (Bi1), mais celles-ci sont très pseudomorphosées
en phengites (contenant encore des aiguilles de rutile) et grenats,
ceux-ci étant soit en amas, soit en lits, dans les sites
plagioclasiques. Les plagioclases sont totalement transformés en un
mélange de zoisite et phengite, en cristaux très petits. La zoisite
est abondante et a aussi cristallisé en gros cristaux. Enfin, cet
échantillon montre des rubans de petits quartz, alternant avec les
autres minéraux.

GRAN PARADISO SOMMET Lin N 100   38 Ma

orthogneiss

Orthogneiss du sommet GRAN PARADISO:

Cet orthogneiss oeillé est très déformé, sa foliation est plate, sa linéation est N100. S'il reste quelques lambeaux de biotites magmatiques (Bi1), la biotite verte (Bi2) est très abondante; elle pousse à partir des phengites. Les zoisites se déstabilisent aussi et se rétromorphosent en biotite. Les rubans de quartz sont nombreux et formés de petits cristaux très recristallisés.

NIVOLLET mylonite   Lin N 100   44 Ma

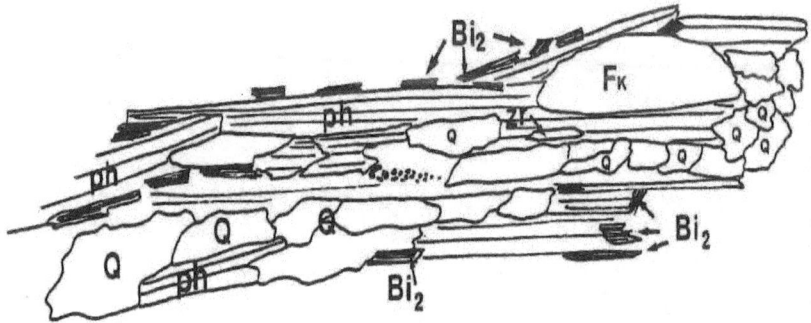

La mylonite de NIVOLLET:

Elle est constituée de quartz, phengites, feldspath potassique et
biotite verte. La biotite magmatique n'existe plus, elle a été
totalement transformée en biotite verte (Bi2). Celle-ci cristallise
aussi à partir des phengites qu'elle entoure. La déformation de cet
échantillon est importante, la structure en rubans est bien marquée
par tous les minéraux; on peut même observer des zircons, "couchès"
dans la foliation.

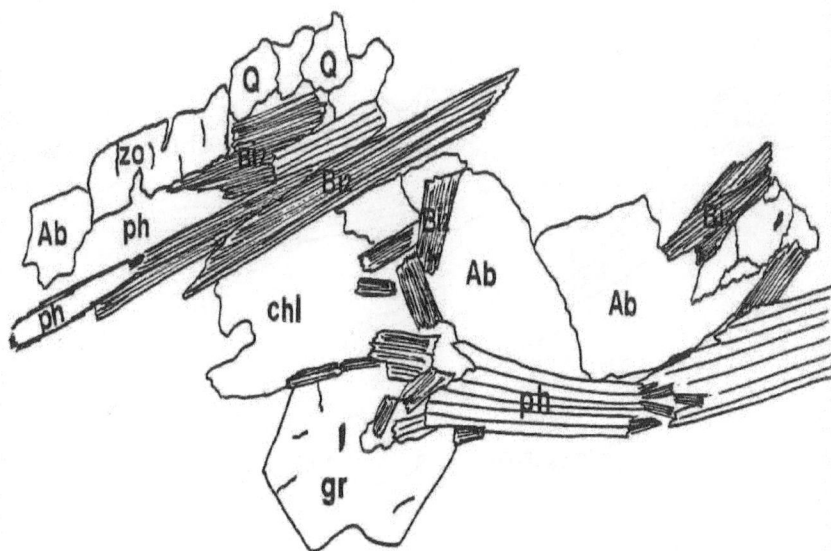

CAMPIGLIA   paragneiss   Lin N110   40 Ma

Echantillon de paragneiss CAMPIGLIA:

Rétromorphose de la paragenèse HP à grenat, phengite, zoisite, rutile:
la biotite verte pousse dans le grenat, autour des phengites; le
rutile est entouré de sphène; la zoisite se destabilise, l'albite
cristallise ainsi que la chlorite.

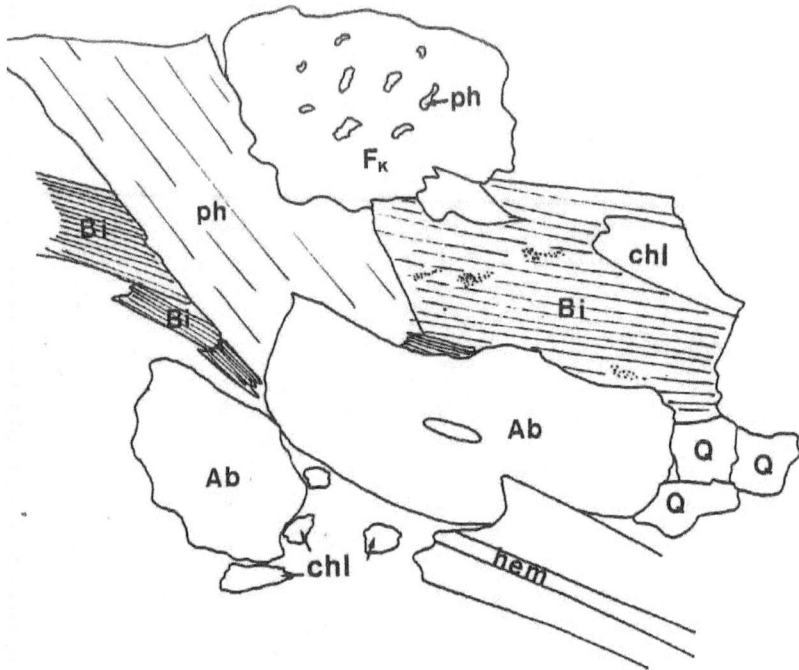

BOCHETTA orthogneiss minuti LinN$_{100}$ 62Ma

L'orthogneiss minuti du col de la BOCHETTA:

Ce type d'orthogneiss est toujours très phengitique et albitique: les
cristaux de phengites et d'albite sont grands et bien développés.
Toute la biotite magmatique a été largement remplacée par la biotite
verte (Bi2). La chlorite est abondante. Une caractéristique de ce
faciès est l'abondance de minéraux opaques, d'allanite (cristaux de
plusieurs millimètres), de sphène et d'hématite, responsable de la
couleur rosée de ce faciès.

Ancienne schistosité S1, matérialisée par des granules ferro-titanés,
dans une albite de la mylonite   de l'Erfaulet.

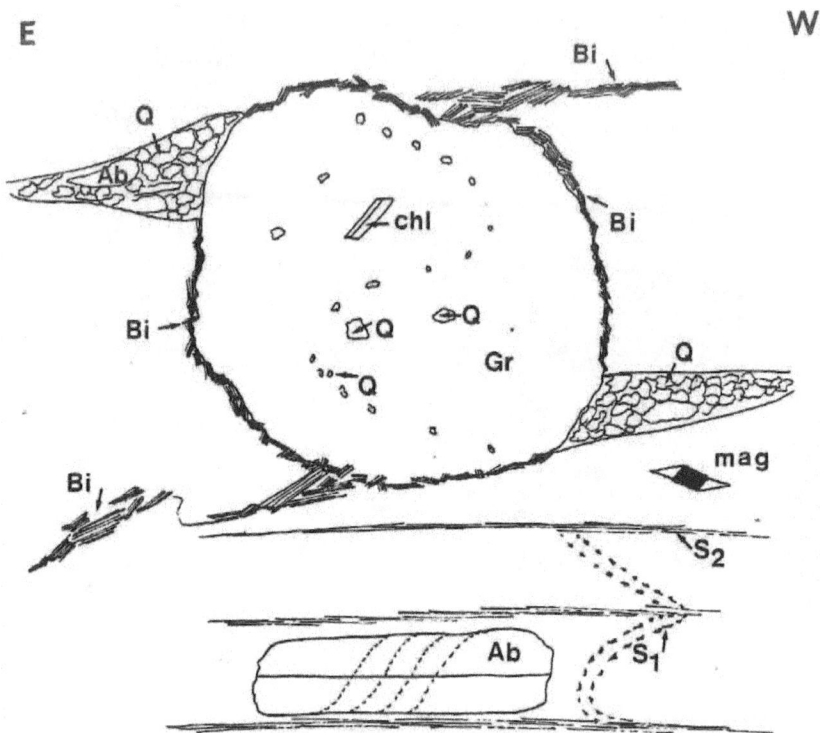

Mylonite   de l'ERFAULET:

Cet échantillon a été prélevé dans les paragneiss, au contact avec le granite de l'Erfaulet. Les grenats, centimétriques, contiennent des inclusions de quartz et chloritoïde. Leurs bordures sont soulignées par des petits cristaux de biotite verte (Bi2), formant des queues de cristallisation indiquant un sens de cisaillement vers l'Ouest. D'autres queues de cristallisations, constituées de quartz et d'albite, indiqueraient un sens de cisaillement vers l'Est. Des magnétites montrent aussi un sens de cisaillement vers l'Est.

Les stades successifs de cristallisation semblent être:

1) Les biotites hercyniennes ont existé, il en reste les granules ferro-titanés qui soulignent une ancienne schistosité S1 (photo).

2) La phase de HP fait cristalliser les grenats avec leurs inclusions de quartz et de chloritoïde. Il semble que l'albite ait cristallisé lors de cette phase.

3) La biotite verte cristallise ensuite.

9 783841 637130